十四五
学术文库系列
国家自然科学基金青年项目（72404220）
陕西省社会科学基金项目（2024R014）
西安交通大学人文社会科学学术著作出版基金
中央高校基本科研业务费专项资金资助
Supported by "the Fundamental Research Funds for the Central Universities"

压电式信息安全管理：理论与实践

YADIANSHI XINXI ANQUAN GUANLI:
LILUN YU SHIJIAN

刘晨晖 王能民 著

西安交通大學出版社
XI'AN JIAOTONG UNIVERSITY PRESS

图书在版编目(CIP)数据

压电式信息安全管理:理论与实践 / 刘晨晖,王能民著. -- 西安 :西安交通大学出版社,2025.3.
ISBN 978-7-5693-4018-1
Ⅰ. TP309
中国国家版本馆 CIP 数据核字第 2025YQ2322 号

书　　名　压电式信息安全管理:理论与实践
著　　者　刘晨晖　王能民
责任编辑　李逢国
责任校对　雒海宁
封面设计　任加盟

出版发行　西安交通大学出版社
（西安市兴庆南路1号　邮政编码 710048）
网　　址　http://www.xjtupress.com
电　　话　(029)82668357　82667874(市场营销中心)
(029)82668315(总编办)
传　　真　(029)82668280
印　　刷　西安五星印刷有限公司

开　　本　700mm×1000mm　1/16　印张　14.875　字数　201千字
版次印次　2025年3月第1版　2025年3月第1次印刷
书　　号　ISBN 978-7-5693-4018-1
定　　价　98.00元

如发现印装质量问题,请与本社市场营销中心联系。
订购热线:(029)82665248　(029)82665249
投稿热线:(029)82664840　QQ:1905020073
读者信箱:1905020073@qq.com

前　言

当前，新兴信息技术的跃迁式发展在推动组织变革的同时，也在重塑和拓展人类生产力的内涵。新质生产力是一种创新起主导作用的先进生产力质态，以运用新技术的新产业为主要载体，具有高科技、高效能和高质量的特征。当下，全球新一轮信息技术革命和产业变革正在深入推进，以大数据、云计算、物联网、5G、区块链、人工智能和元宇宙等为代表的新兴技术不断创新，日益融入经济社会发展的各个领域，推动传统生产力向新质生产力迈进。信息技术革命加速了信息的流通速度和处理速度，极大地提升了决策的智能化水平，在全球范围内深刻地影响着政府治理和企业运营的方方面面，为政府和企业带来了前所未有的发展机遇。

随着我国全面进入数字化转型时期，政府和企业的运行愈发依赖于信息技术与信息系统，数字化转型在助力政企提升运行效率的同时，信息技术与业务的深度融合也给信息安全带来了更大的威胁，信息安全事件蕴含的风险将等同于政企业务运行的风险。如何在推动信息技术革命、加快新质生产力形成的同时，有效地防范和应对信息安全威胁，已成为政府和企业亟待解决的重要问题。当前，政府和大中型企业是信息安全事件多发的“重灾区”，急需其增强信息安全意识并有效地提升信息安全管理水平。企业的商业数据泄露将导致严重的经济损失，而政府数据的泄露将引起难以估量的社会影响。

党的二十大报告指出：“国家安全是民族复兴的根基，社会稳定是国家强盛的前提。必须坚定不移贯彻总体国家安全观，把维护国家安全贯穿党和国家工作各方面全过程，确保国家安全和社会稳定。”党的二十大报告首次就国家安全工作列专章做战略部署，并专门强调要强化网络和数据安全保障体系建设。由此可见，在大数据时代和信息化社会的背景下，信息安全已深度嵌入国家安全战略全局，成为支撑经济社会发展、维护社会稳定的关键性基础要素，其影响范畴已从技术防护层跃升至国家安全治理的体系化架构，令信息安全管理研究迎来全新的发展契机。

为了预防和避免信息安全事件，政企部门不仅要在技术层面提高安全等级，更关键的是，要从员工行为角度入手解决与人相关的管理问题。本书将电子电气工程领域的压电理论引入信息安全管理实践，针对政企部门面临的安全管理瓶颈，构建了适用于数字化转型期全新需求和全新挑战的信息安全管理模式。压电理论是在企业实践过程中提炼出的信息风险管理理念与方法，其核心内涵是强调风险事件的不确定性与组织响应能力的重要性，认为风险导致的负面影响与组织面对风险事件不断调整的响应能力呈负相关关系。压电理论指出，如果组织系统内的信息安全实践设计使系统能够重新调整，在不断变化的风险条件下也能满足系统的整体需求，那么新出现的风险状况带来的潜在负面影响将被重新调整所采取的行动措施平衡或消除。

首先，本书在系统阐述信息安全与信息安全管理内涵的基础上，介绍了压电效应与压电理论的核心要素，并创新性地引入了压电式信息安全管理的概念；其次，梳理了相关理论基础，包括总体国家安全观、技术威胁规避理论、社会交换理论、遵从理论与组织控制理论等，并系统综述了基于压电理论的安全管理研究、社会交换视角下的信息安全行为研究以及组织控制视角下的信息安全行为研究；再次，以政企组织情境下的信息安全行为实证研究为基础，分别构建了适用于政府和企业的压电式信息安全管理体系，并从政企的组织特性出发进行对比研究；最后，详细介绍了压电式信息安全管理在政府和企业的典型实践案例，总结和提炼了研究结论与管理启示，并基于压电理论的核心要素构建了信息安全意识测试题库。本书的研究材料主要来源于具有代表性的政企组织的实地调研、深度访谈以及问卷资料。本书所调研的政府工作人员来自市级或县级地方政府部门，包括组织部、宣传部、统计局以及财政局等部门。以上地方政府部门的业务运作都与信息系统密切相关，且包含敏感的数据信息，具备充分的样本典型性和代表性。本书所调研的企业员工来自互联网行业、金融行业、制造行业及通信行业的大中型民营企业。作为信息化程度较高和信息安全事件频繁发生的行业，以上调研样本在信息安全管理的背景下具有较好的代表性与典型性。

本书的理论价值主要体现在学科交融与理论创新：将电子电气工程领域的压电理论迁移应用到政企部门的信息安全管理，系统提出了压电式信息安全管理的概念和框架，不仅拓展了信息安全行为管理研究的新视角，还丰富了压电理论的概念内涵与应用领域。本书的应用价值主要体现在需求导向与服务实践：从问题提出、调研设计到数据分析和体系构建，都严格遵循业界的现实需要，注重从理论模型到实际应用的转化。本书不仅针对政企的组织特点构建了压电式信息安全管理体系，还提供了压电式安全管理实践案例集和信息安全意识测试题库等实操性的工具。本书分别对政府和企业提供了差异化的压电式信息安全管理策略，预期将有效地促进政企人员的信息安全行为，同时将为政企部门的信息安全管理提供实践工具与决策参考。本书得到了国家自然科学基金青年项目(72404220)、陕西省社会科学基金项目(2024R014)、陕西省博士后科研项目(2023BSHYDZZ52)、西安交通大学人文社会科学学术著作出版基金和中央高校基本科研业务费专项资金的资助，在此一并表示感谢。

由于著者知识领域和学术水平有限，书中难免存在不足或疏漏之处，恳请各位专家、学者批评指正！

著者

2025 年 1 月

目录

第 1 章　绪论 ………………………………………………………………… 1

1.1　研究背景 ……………………………………………………………… 1

1.1.1　新一代信息技术革命正在赋能政府与企业 …………………… 1

1.1.2　政企面临着来自信息安全问题的严峻挑战 …………………… 3

1.1.3　员工的不遵从行为是安全事件的重要原因 …………………… 5

1.1.4　国家战略对信息安全管理研究提出新要求 …………………… 7

1.2　信息安全与信息安全管理 …………………………………………… 9

1.2.1　信息与信息安全 …………………………………………………… 9

1.2.2　信息安全政策 ……………………………………………………… 15

1.2.3　信息安全行为 ……………………………………………………… 18

1.2.4　信息安全管理 ……………………………………………………… 20

1.3　压电式信息安全管理 ………………………………………………… 21

1.3.1　压电效应与压电理论 ……………………………………………… 21

1.3.2　压电理论的核心要素 ……………………………………………… 24

1.3.3　压电式信息安全管理 ……………………………………………… 25

1.4　本章小结 ……………………………………………………………… 30

第 2 章　理论基础 ………………………………………………………… 31

2.1　总体国家安全观 ……………………………………………………… 31

2.2　社会交换理论 ………………………………………………………… 32

2.3　技术威胁规避理论 …………………………………………………… 36

2.4　遵从理论与组织控制理论 …………………………………………… 39

2.5　本章小结 ……………………………………………………………… 43

第 3 章　文献综述 …… 45
3.1　压电理论在信息安全管理领域的应用研究 …… 45
3.2　社会交换视角下的信息安全行为研究 …… 46
3.3　正式控制视角下的信息安全行为研究 …… 48
3.4　非正式控制视角下的信息安全行为研究 …… 52
3.5　文献述评与本章小结 …… 55
第 4 章　信息安全行为:政府篇 …… 58
4.1　政府篇研究背景 …… 58
4.2　政府篇研究假设与研究模型 …… 60
4.2.1　上下级关系与信息安全遵从行为 …… 60
4.2.2　组织承诺与信息安全遵从行为 …… 61
4.2.3　组织承诺的中介作用 …… 62
4.2.4　组织承诺的调节作用 …… 63
4.3　政府篇研究方法 …… 66
4.3.1　变量测量与问卷设计 …… 66
4.3.2　试测 …… 69
4.3.3　数据收集 …… 69
4.3.4　数据分析方法 …… 70
4.4　政府篇分析与讨论 …… 71
4.4.1　共同方法偏差检验 …… 71
4.4.2　信度检验与效度检验 …… 72
4.4.3　模型检验 …… 74
4.4.4　结果讨论 …… 77
4.5　政府篇贡献与启示 …… 79
4.5.1　本章的理论贡献 …… 79
4.5.2　本章的管理启示 …… 79
4.6　本章小结 …… 80

第 5 章 压电式信息安全管理:政府篇 …… 82
5.1 政府篇问题引入 …… 82
5.2 人因风险视角下的政府数据安全管理 …… 85
5.3 政府部门数据安全管理面临的挑战 …… 88
5.3.1 机构设置有待优化 …… 88
5.3.2 安全制度有待完善 …… 90
5.3.3 安全保护效率有待提升 …… 91
5.3.4 安全防护意识有待加强 …… 92
5.4 政府部门的压电式数据安全管理体系构建 …… 93
5.5 本章小结 …… 94
第 6 章 信息安全行为:企业篇 …… 95
6.1 企业篇研究背景 …… 95
6.2 企业篇研究假设与研究模型 …… 98
6.2.1 组织控制与信息安全遵从行为 …… 98
6.2.2 上下级关系与信息安全遵从行为 …… 100
6.2.3 上下级关系的调节作用 …… 101
6.2.4 组织承诺与信息安全遵从行为 …… 102
6.2.5 组织承诺的调节作用 …… 103
6.3 企业篇研究方法 …… 105
6.3.1 变量测量与问卷设计 …… 105
6.3.2 试测 …… 107
6.3.3 数据收集 …… 107
6.3.4 数据分析方法 …… 108
6.4 企业篇分析与讨论 …… 109
6.4.1 共同方法偏差检验 …… 109
6.4.2 信度检验与效度检验 …… 110
6.4.3 模型检验 …… 112
6.4.4 结果讨论 …… 115

6.5　企业篇贡献与启示 …… 117
6.5.1　本章的理论贡献 …… 117
6.5.2　本章的管理启示 …… 118
6.6　本章小结 …… 119

第7章　压电式信息安全管理:企业篇 …… 121
7.1　企业篇问题引入 …… 121
7.2　网络安全事件与应急响应 …… 124
7.3　网络安全事件应急响应:实践经验 …… 124
7.3.1　事前响应策略 …… 125
7.3.2　事中响应策略 …… 128
7.3.3　事后响应策略 …… 130
7.4　压电理论与应急响应 …… 131
7.4.1　压电理论的内涵 …… 131
7.4.2　压电式应急响应的核心要素 …… 131
7.4.3　压电式应急响应的核心导向 …… 132
7.5　基于压电理论的应急响应体系 …… 133
7.5.1　体系构建 …… 133
7.5.2　与传统应急响应体系的比较 …… 134
7.6　对企业的启示 …… 135
7.6.1　提升企业管理层对网络安全的认知 …… 135
7.6.2　引导企业建立全过程应急响应体系 …… 136
7.6.3　倡导企业践行关键性对齐的响应策略 …… 136
7.6.4　为企业提供专业的法律服务与指导 …… 136
7.6.5　促进企业与政府机构的协同响应 …… 137
7.7　本章小结 …… 137

第8章　信息安全行为的政企对比研究 …… 138
8.1　问题引入 …… 138
8.2　研究假设与研究模型 …… 141

8.3　研究设计与研究方法 …… 146
8.3.1　变量测量与问卷设计 …… 146
8.3.2　试测 …… 148
8.3.3　数据收集 …… 149
8.3.4　多群组分析方法 …… 151
8.4　数据分析与讨论 …… 154
8.4.1　数据准备 …… 154
8.4.2　数据分组 …… 159
8.4.3　MICOM 检验 …… 160
8.4.4　多群组分析 …… 161
8.4.5　事后分析 …… 162
8.4.6　结果讨论 …… 165
8.5　理论贡献与管理启示 …… 167
8.5.1　本章的理论贡献 …… 167
8.5.2　本章的管理启示 …… 167
8.6　本章小结 …… 169
第 9 章　压电式信息安全管理的政企实践 …… 170
9.1　压电式信息安全管理的政府实践 …… 170
9.1.1　W 市应急管理局遭遇网络攻击 …… 170
9.1.2　B 市政府网站协同治理 …… 172
9.1.3　S 市电子政务信息安全管理实践 …… 174
9.1.4　W 市智慧城市大数据局数据安全建设实践 …… 176
9.1.5　D 市政务云数据安全治理实践 …… 178
9.2　压电式信息安全管理的企业实践 …… 180
9.2.1　T 企业遭遇病毒入侵 …… 180
9.2.2　D 企业网络攻击案 …… 182
9.2.3　S 企业学生数据倒卖事件 …… 184
9.2.4　Y 企业内鬼倒卖个人信息事件 …… 185

9.2.5 G银行海外子公司遭遇网络攻击事件 …… 187
第10章 总结与展望 …… 189
10.1 本书主要内容及结论 …… 189
10.2 研究不足与展望 …… 191

附录 信息安全意识测试题库 …… 194
A. 安全制度管理 …… 194
B. 人员安全管理 …… 198
C. 系统运维管理 …… 202
参考文献 …… 207

第 1 章　绪论

1.1　研究背景

1.1.1　新一代信息技术革命正在赋能政府与企业

国家主席习近平在第二届世界互联网大会上指出:“纵观世界文明史,人类先后经历了农业革命、工业革命、信息革命。每一次产业技术革命,都给人类生产生活带来巨大而深刻的影响。”当今社会正处于现代信息技术革命的浪潮之中,以大数据、云计算、物联网、区块链、人工智能与元宇宙等为代表的新兴技术正加速向各行业、各领域渗透融合,通过网络互联的移动化、泛在化和信息处理的高速化、智能化,有力地推动了中国政企部门的信息化和数字化进程,“信息技术赋能”已成为推动质量变革、效率变革和动力变革的强大引擎,在全球范围内深刻地影响着政府治理和企业运营的方方面面,不仅加速了信息的流通速度和处理速度,也极大地提升了决策的智能化水平,为政府和企业带来前所未有的发展机遇。

在全球化与信息化时代背景下,新质生产力的概念应运而生。新质生产力代表了一种以创新为核心、以高质量发展为目标的先进生产力质态,强调通过技术革命性突破、生产要素的创新性配置以及产业的深度转型升级,实现生产力质的飞跃。新质生产力的显著特征包括高科技、高效能和高质量,体现了全要素生产率的显著提升。随着信息技术革命的蓬勃发展,数字化、网络化、智能化技术已成为新质生产力的重要支撑

(盖凯程 等,2024)。然而,信息技术革命在带来生产力质的飞跃的同时,也伴随着日益严峻的信息安全威胁。随着数据量的爆炸性增长和网络空间的无限扩展,个人信息泄露、网络攻击、数据篡改等安全问题频繁发生,给个人隐私、企业运营乃至国家安全带来了前所未有的挑战。因此,如何在推动信息技术革命、加快新质生产力形成的同时,有效防范和应对信息安全威胁,已成为亟待解决的重要问题。

在政府层面,信息技术革命推动了电子政务的发展,使得政府服务更加透明、高效和便民。通过构建数字政府与智慧政务平台,能够实现对公共资源的优化配置,提高公共服务质量和响应速度,从而推动政府治理模式的创新和改革。《2022 联合国电子政务调查报告》显示,中国电子政务发展指数已经增长到 0.8119,排名从 2012 年的第 78 位上升到了 2022 年的第 43 位,成为全球增幅最高的国家之一;数字政府发展的总体水平得到了大幅提高,基础设施排名提升到 47 位,处于“非常高”的水平(王益民,2024)。

对企业而言,信息技术革命为企业提供了丰富的数据资源和强大的计算能力,帮助企业实现精准营销、智能生产和供应链管理。企业可以利用大数据分析消费者行为,优化产品设计,提高运营效率,降低成本,并在激烈的市场竞争中获得优势。2025 年 1 月发布的第 55 次《中国互联网络发展状况统计报告》指出,截至 2024 年 12 月,中国网民规模达 11.08 亿人,相较于 2023 年 12 月增长 1608 万人,互联网普及率达 78.6%。作为全球最庞大的信息化社会,中国的互联网群体在加快推进新型工业化、发展新质生产力、助力经济社会发展等方面发挥着重要作用。信息技术革命还催生了新的商业模式和产业形态,如共享经济、平台经济等,这些新兴模式为企业和个人提供了新的增长点和创业机会。

值得指出的是,新技术、新模式和新业态的涌现也对传统的行业规则和市场结构产生了巨大冲击,并将引发一系列信息安全相关的问题,这就要求政府和企业不断适应和调整,以应对快速变化的技术环境、市场环境与网络环境。总之,新一轮信息技术革命正在深度赋能政府与企业,推动社会经济的数字化转型,为构建更加智能、高效和可持续的未来社会提供了强大动力。

1.1.2　政企面临着来自信息安全问题的严峻挑战

新一代信息技术正在深度赋能组织的信息化和数字化,政府与企业的运营在受益于信息技术与信息系统的同时,也面临着来自信息安全问题的严峻挑战,如何保护组织的信息系统以及相关的数据安全已经上升为战略层面的热点问题。虽然政府与企业用于防御网络攻击的技术手段在不断更新和升级,但信息安全事件的发生频率与严重程度并没有呈现下降与缓和的趋势。例如,微软宣称每天要应对 150 万次以上的恶意网络攻击,平均每月检测出 4000 亿封包含病毒和钓鱼链接的邮件;根据阿卡迈科技在 2023 年发布的报告,针对商业行业的应用程序接口攻击已高达 140 多亿次;毕马威发布的《2023 网络安全重要趋势》指出:24%的首席执行官承认他们应对网络攻击的准备是不足的,同时有 78%的受访者认为人工智能和机器学习的普及会带来信息安全方面的额外风险;世界经济论坛在《2023 年全球网络安全展望》中披露:在调查了全球 300 多名专家和企业高管后,超过 93%的网络安全专家和 86%的商业领袖认为未来两年可能会发生影响深远的灾难性信息安全事件;雷迪克公司编制的《2024 年网络安全成熟度报告》也印证了安全事件的频发:60%的组织在过去一年中有 4 个或更多的用户账户或电子邮件遭到入侵。此外,59%的组织在过去一年中有 4 个或更多的终端受到攻击。

信息安全事件不仅在世界范围内频繁发生,其导致的经济损失与负面影响也在逐年上升。《2024 年数据泄露成本报告》显示:2023 年全球数据泄露的平均成本达到 445 万美元,创该报告有史以来的最高纪录,也较过去 3 年均值增长了 15%。《2023 年度电子邮件安全报告》指出:2022 年商业电子邮件欺诈在全球 90%的地区造成了机构数十亿美元的损失。来自波耐蒙的报告也进一步披露:如果将员工离职、企业声誉受损以及潜在订单损失等一同计算在内,平均每家企业要为信息安全事件付出 400 万美元的代价。

作为全球最大的新兴经济体,中国同样面临着信息安全事件的威胁与挑战。参考亚信安全《2019 威胁情报态势分析》中的数据,中国的政府部门以及企业组织被勒索病毒感染的数量已经位居全球首位(占比 20%)。国家互联网应急中心的统计报告指出,中国地方政府的网站已经成为恶意网络攻击的主要目标,平均每 5 个政府网站中,就有 1 个遭遇过黑客攻击。《2022 中小微企业数字安全报告》显示,超过九成(占比 92.3%)的中小微企业长期处于不能独立应对数字安全威胁的状态;来自普华永道的调研指出,信息安全事件对中国造成了严重的经济影响,泄露数据的价值已超过 10 亿美元,同时 44%的中国企业都曾经历过数据泄露与网络攻击事件,在超过 500 人的大型中国企业中,发生信息安全事故的比例更是高达 57%。

根据奇安信发布的《95015 网络安全应急响应分析报告(2023)》,2023 年度发生的网络安全应急响应事件中,政府部门报告的事件最多,占比 18.50%;其次是制造业,占比 12.50%;金融机构排第三,占比 11.30%,如图 1 - 1 所示。此外,医疗卫生和信息技术(information technology,IT)等行业也是安全事件的高发行业。类似地,2020 年奇安信在《中国政企机构数据安全风险研究报告》中披露:重大信息安全事件所涉及的行业中,政府以 24.60%的占比排名第一,医疗卫生行业位居第二(占比 17.20%),IT、金融与制造业等行业仍然位居前十。来自绿盟科技的调研报告也指出:2019 年的信息安全事件主要分布于金融、通信以及政府等行业或部门。由此可见,中国的政府部门以及以 IT、金融、通信和制造业为代表的企业组织已成为信息安全事件多发的"重灾区",亟须增强员工的信息安全意识并提升组织的信息安全管理水平。因此,本书将选取政府部门工作人员以及上述代表性行业的企业员工作为研究对象。

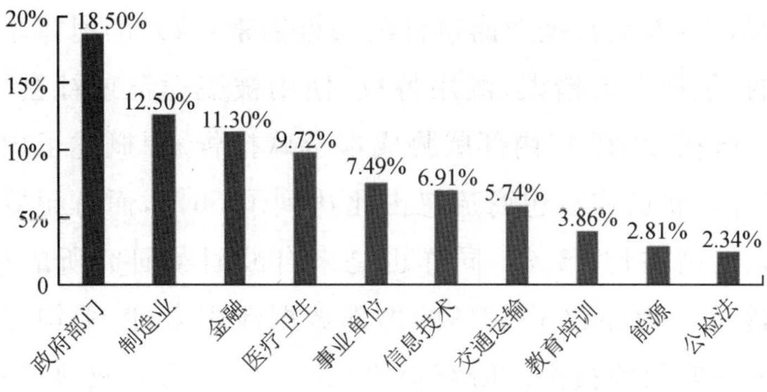

图 1-1　2023 年度信息安全事件涉及行业分布

1.1.3　员工的不遵从行为是安全事件的重要原因

为了保障组织的信息资产安全，政企部门制定了一系列信息安全政策（组织为保障信息资产安全所制定的行为准则与操作规定，例如及时更新杀毒软件、禁止使用简单密码、定期更换密码、离岗锁屏、禁止点击不明链接或下载未知文件、禁用连接外网与个人电子设备等）来保护组织的信息资产安全。然而，无论是有意违规还是无意触犯（Safa et al.，2019），员工的实际行为经常与组织所期望的有所偏差，员工的不遵从行为（违反组织信息安全政策并威胁组织信息资产安全的风险行为合集）已经成为信息安全事故的主要诱因之一（Liu et al.，2020）。因此，学者与管理者都逐渐认识到了“人的因素”在信息安全实践与信息资产防护中的重要角色（Kim et al.，2019）。

根据《华尔街日报》在 389 家企业内进行的问卷调查，67％的企业将内部员工（包括恶意员工）视为最大的网络安全威胁，在年收入超过十亿美元的大型企业中，这一比例更是达到 81％。英国某网络安全公司的调查也证明了企业的担忧并不是空穴来风：在参与调研的 4000 名员工中，有 35％会为了私人利益售卖组织的内部数据，65％的员工表现出对信息安全的漠视，即便其意识到风险，也不会主动改善不良习惯，例如离座时不锁定电脑屏幕。威瑞森通信公司发布的《2023 年度数据泄露调查报告》指出:人是数据泄露事件的关键因素,74%的泄露事件是人为因素造成的,包括人为错误、滥用特权、使用被盗凭证或社会工程攻击。波耐蒙研究所在《2022 年内部威胁成本全球报告》中概述了内部威胁事件的主要原因:雇员或承包商疏忽占比达到了 56%,而有犯罪意图和恶意的内部人士则占比 26%。同样也是来自波耐蒙研究所的报告显示,员工的不遵从行为导致了 62%的内部数据泄露事件,平均每个组织因此遭受 458 万美元的损失。研究报告《2022 年内部人威胁成本:全球报告》指出:内部威胁每年导致企业损失 1540 万美元,且 56%的信息安全事件都是内部员工疏忽所致。《2024 年网络钓鱼状态报告》也有披露:71%被调查的组织成员表示他们采取过冒险的行为,且几乎所有人(占比 96%)都是故意这么做的,其中包括使用工作设备办私事(占比 29%)、重用或分享密码(占比 26%)、回复未知发件人的邮件(占比 24%)、访问可疑网站(占比 20%)、点击从未知来源链接或下载附件(占比 19%)等。

无论是政府还是企业,都在频繁发生着内部人员违规行为导致的信息安全事件。2022 年 10 月,某市领导干部李某在政府工作会上,擅自用手机拍摄涉密信息,并将照片通过微信发送给他人,导致机密信息外泄。2022 年 7 月,某政府机关干部路某在招标活动中,未提醒招标代理公司对相关文件做好保密工作,导致招标公司职员戴某误将一份涉密文件上传互联网,引发舆情。公务员作为数字政府建设中的建设者、管理者与执行者,其有意或无意的不安全行为可能直接或间接地侵犯公民隐私、造成经济损失甚至危害国家安全。在企业层面,根据 2024 年 4 月的新闻报道,国内某农业科技公司原总经理朱某某,与境外间谍情报机关建立所谓“合作”关系,以“合作制种”名义,先后向对方违规出售 5 种亲本稻种,对中国粮食安全造成重大威胁。2019 年,由于南非邮政银行的内部员工违规打印了银行的主密钥,由此引起的欺诈交易造成了超过 320 万美元的经济损失,同时银行还需要花费 5800 万美元为客户更换 1200 多万张全新银行卡;2018 年,内部员工的失误(没有使用防火墙加密服务器)致使美国某大数据公司泄露了 3.4 亿条的客户隐私信息,涉及2.3亿人，几乎等同于整个美国的网络人口，这使得该公司遭受了严重的名誉损失和经济损失；2018年5月，某位员工在职期间违反组织规定挪用和收集隐私数据，致使某饮料公司8000名员工的个人数据遭到泄露。由此可见，为了预防和避免信息安全事件，政企部门不仅要在技术层面提高安全等级，更关键的是要防范和解决与人相关的问题。值得指出的是，超过80%的中国企业管理层都认为信息安全事故的主要责任应该由内部的安全团队承担，意味着信息安全管理的重要性已经得到了国内管理者的高度认同。

1.1.4　国家战略对信息安全管理研究提出新要求

党的二十大报告指出："国家安全是民族复兴的根基，社会稳定是国家强盛的前提。必须坚定不移贯彻总体国家安全观，把维护国家安全贯穿党和国家工作各方面全过程，确保国家安全和社会稳定。"党的二十大报告首次就国家安全工作列专章做战略部署，体现了以习近平同志为核心的党中央对国家安全工作的高度重视。总体国家安全观是中国特色的国家安全理论，是马克思主义中国化和时代化的最新成果，更是新时代国家安全工作的根本遵循和行动指南。总体国家安全观秉持统筹兼顾的辩证思维，突破传统安全观的单一维度局限，构建了涵盖传统安全与非传统安全的全域治理框架。在大数据时代和信息化社会的背景下，非传统安全是国家安全的重要支撑，信息安全是非传统安全的重要组成部分，对当代国家安全及其各个方面具有广泛而深刻的影响(薛澜 等，2024；武珊珊，2020)。在党的二十大报告中，"安全"一词出现91次，"国家安全"一词出现29次，并专门强调要强化网络和数据安全保障体系建设。由此可见，信息安全已经上升到国家安全的战略层面，信息安全管理研究正面临着全新的发展契机。

在国家安全战略的指导下，中国不断加强对网络安全、数据安全、信息安全的保护力度，先后制定、颁布了《中华人民共和国网络安全法》《中华人民共和国数据安全法》《中华人民共和国个人信息保护法》《关键信息基础设施安全保护条例》《网络安全审查办法》《数据出境安全评估办法》等法律法规,信息安全已经成为社会各行业以及学术界关注的热点问题,同时也是国家安全与经济社会稳定运行的关键所在。其中,《中华人民共和国网络安全法》的出台具有里程碑式的意义,作为中国真正意义上第一部信息安全相关的综合性基本法,重点强化了责任主体并明确了保护对象,规定了国家层面、政企组织层面以及个人层面的网络权利与义务,并提出了预防和应对信息安全挑战的中国方案。近年来,相关立法的迅速推进体现了党和国家对信息安全问题的高度重视,对政府部门及企业而言,也是完善信息安全管理的重要机遇。此外,从 2014 年举办至今的国家网络安全宣传周等活动也全面推动了社会各界对信息安全的重视与了解。在信息安全成为国家战略的大背景下,信息安全相关的研究得到了国家政策与社会氛围层面的有力支持,并迎来了新的契机:针对中国政企组织的信息安全管理研究不仅是为了保护组织的信息资产安全,也是为了保障国家安全与经济社会的稳定运行。

随着中国进入创新驱动转型的发展阶段,信息技术与大数据产业在政府和企业中扮演着愈发重要的角色。以大数据、云计算以及物联网为代表的信息化建设在有效推动社会行业转型升级的同时,也颠覆性地改变了政府与企业的网络生态与业务环境,从而引起了新的安全威胁与防护需求:海量的数据在流动、联结与开放获取的过程中伴随着泄露与被窃取的风险(王世伟,2016),云计算在促进业务整合扩张的同时也加深了过度集中后的安全风险(Zissis et al., 2012),物联网在提升效率的同时也面临着更广泛的网络攻击,这些都对我国政府与企业的正常运行,乃至经济社会和国家安全带来无法预知和难以估量的威胁。此外,当前网络攻击集团化与组织化的倾向愈发明显,攻击手段越发立体化和多样化,特别是以组织内部员工为目标的社会工程学攻击(利用人性弱点建立诱饵来突破防御,诱导目标泄露信息或进行恶意侵入)呈现不断上升的趋势(张雪芹 等,2019)。出于对安全的内生需求,在主体防护责任的驱使下,政府和企业需要迅速构建科学、高效的信息安全管理体系(顾穗

珊 等,2019),持续进行技术、人员以及管理上的改进与优化,尤其是对内部人员的信息安全行为管理(谢宗晓 等,2016)。

正如上文所述,中国作为全球信息安全事件的高发区,客户资料泄露、员工权限盗用、数据损坏和丢失等信息安全问题的发生比例逐年递增,这些信息安全事件有 40% 都源于企业内部员工的不当操作。近年来,国内企业泄露用户隐私以及政府公务员泄露机要文件等信息安全事件频频发生,反映出相当一部分政府部门与企业在信息安全行为管理上的薄弱与乏力。有调查显示,虽然超过 70%的企业都将信息安全视为重要的战略问题,但是有将近 60%的信息安全管理者没有参加过专门的安全培训与安全教育,还有大约 30%的中小企业忽略了信息安全建设投入,没有安全相关的部门、团队或是专员。由此可见,我国政企组织的信息安全管理水平亟待提高。政企信息安全管理体系的构建不仅需要技术上的不断更新和升级,更需要从规章制度以及全过程管理的角度入手,规范、修正以及引导组织内部员工在使用信息系统和信息资源时的行为(陈昊 等,2018)。

因此,对中国政府工作人员与企业员工信息安全遵从行为的研究具有深远的现实意义:一方面,员工不遵从行为引发了信息安全事件,相关的研究可以解决实际问题;另一方面,随着政企组织对信息系统与信息技术的依赖日益加深,信息泄露等事件的负面影响将难以估量,信息安全行为相关的研究对保障国家层面的安全以及经济社会的稳定运行有着积极的意义。

1.2　信息安全与信息安全管理

1.2.1　信息与信息安全

1. 信息概念界定

信息一词的拉丁词源为“information”, 含义为通知、报道或消息。

《辞海》对信息的定义是:①音信、消息;②信息论中指用符号传送的报道,内容是接收者事前不知道的。在中国的历史文献中,“信息”的出现可以追溯到南唐。例如,诗人李中《暮春怀故人》中有“梦断美人沈信息,目穿长路倚楼台”,此处“信息”为音信和消息的意思。信息论创始人Shannon对信息的定义为:“信息是用来消除随机不确定性的东西。”控制论创始人Wiener认为信息是个体在适应世界的交互过程中,所交换内容的名称。从认知论的视角出发,信息是主体所感知的事物运动状态及其变化方式,包括运动状态及其变化的外在形式(语法信息)、内在含义(语义信息)和效用价值(语用信息)。此定义中的事物包括外部世界的物质客体和主观世界的精神现象,其中的运动不仅仅是指空间上的位移,更是代表一切意义和范畴上的变化。

国际标准化组织及国际电工委员会对信息的定义为:通过在数据上施加某些约定而赋予这些数据的特殊含义。从管理信息系统的视角来看,“信息是经过加工的数据,它对接收者有用,对决策或行为有现实或潜在的价值”。所谓数据,是指描述和记录客观事物或客观世界的、具备可鉴别性的符号。由上述定义可知,数据是用以表示信息的载体,并不是信息本身,只有经过加工并赋予语义解释之后,数据才能带给接收者信息。数据作为记录客观事物与客观世界的“原料”,在经过加工与处理后被赋予了特殊含义,就转换成为接收者感知到的“成品”,也就是信息。例如,单纯的“1”只是一个数据,在字面意思之外,接收者无法得到任何有用的信息,如果将其转化为“实时温度为1摄氏度”,就可以提供给接收者有关穿衣出行的决策信息。也就是说,数据是原始的、未经处理的符号,它以数字、文字、图片、声音等形式存在,而信息是一种加工后的“有用”数据,是通过对数据的分析和解释得到的,在一定上下文内具有特定含义,能够帮助人们做出决策、理解事物或获取知识,数据与信息的关系如图1-2所示。

图 1－2　数据与信息的关系

综上所述，本书对信息的定义为：被赋予一定含义的、体现客观事物属性以及相互联系的数据，泛指人类在与外界交流过程中交换、传播和使用的一切内容。对现代组织而言，信息也是一种重要资产，不仅指依托于网络系统的数据资料以及纸质的文档材料，还包括操作流程、商业规划、规章制度与管理理念等无形的内容。在数字化进程不断加深的今天，信息资产已然成为组织的关键资源与核心竞争力。然而，信息系统、信息资源与信息化浪潮在给经济社会发展带来极大便利的同时，也伴随着严峻而复杂的信息安全风险，如何保护组织的信息资产已经成为各个行业战略层面的焦点问题。

2. 信息安全的概念界定

安全通常是指通过持续的威胁识别与风险管理，降低人或资产面临的风险并使其维持在一定可接受水平的状态。参考《辞海》的定义，安全是指没有危险、不受威胁和不出事故。在中国的文献资料中，安全一词最早出现于汉代焦赣的《易林小畜之无妄》："道里夷易，安全无恙。"其核心观点是，道路如果平整了，就无须担心安全问题。《周易系辞》有云："是故君子安而不忘危，存而不忘亡，治而不忘乱，是以身安而国家可保也。" 这里的"安"是与"危"相对的，无危则安，无亡则存，无乱则治，即君子应该在安居其位时不忘记危险的存在，在家国存在时不忘记有可能会遭受灭亡，在天下大治时不忘记会有动乱的隐患，才可能安居其位，国和家才能保持长久。自古以来，"居安思危"被儒家当作安邦治国的基本原则，先人时常告诫后世必须常备不懈、防微杜渐。

本书所关注的信息安全是一个广泛而抽象的概念，不同领域和不同行业对其概念内涵的阐述都会有所不同。从宏观层面出发,信息安全是指一个国家的社会信息化状态和信息技术体系不受威胁和侵害。从技术视角来看,根据国际标准化组织的定义,信息安全是指“在技术上和管理上为数据处理系统建立的安全保护,保护计算机硬件、软件和数据不因偶然和恶意的原因而遭受破坏和泄露”。从安全属性的角度出发,信息安全可定义为:保证信息的保密性、完整性与可用性。

保证信息的保密性是指确保信息不泄露给未授权的个体。案例如下:2023 年 8 月,相关部门发现,某高校 3 万余条师生个人信息数据在境外互联网上被公开售卖。当地部门立即开展一案双查,成功抓获犯罪嫌疑人 3 名。同时,对涉案高校不履行数据安全保护义务的违法行为开展执法检查。经查,涉案高校在开展数据处理活动中,未建立全流程数据安全管理制度,未采取技术措施保障数据安全,未履行数据安全保护义务,导致学校存储的教职工信息、学生信息、缴费信息等 3000 余万条信息的数据库被黑客非法入侵,其中 3 万余条教职工、学生个人敏感信息数据被非法兜售。此案例就是信息的保密性遭到了破坏的体现。

保证信息的完整性是指确保信息不会在未授权的状态下被篡改。案例如下:2022 年 5 月,某市警方侦查发现,犯罪嫌疑人通过非法破坏计算机信息系统篡改网络数据包,修改打车目的地坐标和订单号,从而绕过打车平台关于长途网约车的预支款机制,通过下游中介进行“代打车”,修改打车金额为起步价,绕开打车平台因距离远、价钱高需提前支付预付款的限制,进而实施“代叫车”;打车结束后,以正常打车价的 3 到 5 折向乘客收取费用,以此非法获利。此案例就是信息的完整性遭到了破坏的体现。

保证信息的可用性是指确保获得授权的个体在需要时即可访问信息资源并获取相关服务,代表着信息的期望使用能力。案例如下:2022 年 2 月,多个乌克兰政府机构,包括外交部、国防部、内政部、安全局和内阁等,以及两家大型银行的网站再次成为分布式拒绝服务攻击的目标。乌克兰境内多家大型银行以及乌克兰政府网站都在攻击中受到重创,部分被攻击的信息系统无法使用或暂停工作。此案例就是信息的可用性遭到了破坏的体现。

综合以上对信息安全内涵的解读,本书对信息安全的定义是:从物理层面、运行层面以及数据层面保障信息的保密性、完整性与可用性,使其不会遭遇偶然、无意或是恶意的破坏、窃取与泄露,从而保证系统的正常运行以及业务的连续性。

3. 信息安全、网络安全与数据安全

信息安全的英文名称为“information security”,网络安全的英文名称为“network security”。从英文名称可以看出,信息安全所代表的安全问题基于信息,而网络安全所代表的安全问题则基于网络。信息安全最初是由现实社会对数据保密的安全需求而形成的概念,早期侧重于通信安全,后来发展为信息系统的物理安全与技术安全。但无论是通信时代还是计算机时代,信息安全的重点和目的始终是保护传输介质中信息的安全。随着信息技术的不断发展和数字化潮流的到来,以大数据、移动互联、云计算、物联网等为代表的新一代主流技术都与线上网络息息相关,信息安全的内涵在不断拓展的同时,也催生了网络安全概念的形成。由此可见,信息安全的概念内涵与使用情景更为广泛,可以统称线下安全(传统的计算机系统安全、物理安全和技术安全)以及线上安全,网络安全的概念则侧重线上安全与网络社会方面的安全。此外,也有学者认为,网络安全的内涵侧重国家安全的层面,而信息安全更加侧重组织安全的层面(谢宗晓, 2015)。

关于两者概念外延的比较,学术界与实践界已有较为一致的观点。李文立等(2018)指出,在实际应用过程中,网络安全的概念往往被涵盖在信息安全的大范畴之内;谢宗晓等(2016)认为,网络安全与信息安全是不同阶段的不同称呼,是随着时代背景和技术发展的改变而出现的不同指代;谢宗晓(2015)指出,网络安全可以视为信息安全的子域,现行信息安全的实践标准中,也将网络安全作为信息安全的下属分支。再结合王世伟(2016)的观点“信息安全的使用范围更广,包含各类信息安全问题,可以指称网络安全”,本书亦将网络安全视为信息安全的子域。

近年来,随着大数据、人工智能和元宇宙等新兴信息技术的跨越式发展,人类社会正在经历前所未有的数字化转型。作为新型生产要素,数据在生成、聚集、流动和衍生的过程中创造了更多的价值,也面临着更加严峻的安全威胁与挑战,数据安全(data security)的概念演进速度已远远超过了信息安全与网络安全。目前,数据安全一般被解读为以数据为中心,保护数据在其生命周期(数据采集、数据传输、数据存储、数据处理、数据交换和数据销毁等环节)内的安全性,即“为数据配备贴身保镖”:在不限制数据自由流动的基础上,确保安全保障措施的全方位覆盖。

总之,网络安全更侧重于计算机网络、软硬件基础设施以及各类网络环境的安全防护范畴,而数据安全则赋予了保障数据开发利用和价值释放的时代使命,追求价值创造与安全保障的最佳平衡。本书研究的信息安全属于广义范畴,完全涵盖了网络安全与数据安全的概念外延。因研究情境需要,除第 5 章(压电式信息安全管理:政府篇)和第 7 章(压电式信息安全管理:企业篇)会使用数据安全和网络安全的称谓外,其余章节统一使用概念外延更大以及侧重组织安全层次的信息安全。

4. 信息安全、信息系统安全与赛博安全

在信息系统领域,经常与信息安全一起提及的词汇还包括信息系统安全(information system security)与赛博安全(cyber security)。这三者的联系与区别可以描绘为图 1 - 3 所示的关系。可以看出,信息系统安全与信息安全是存在交集的不同概念:信息系统安全特指信息系统储存或处理信息的安全,而信息安全还包括不通过信息系统储存的信息资产,如纸质文件等。因此,信息系统安全可视为信息安全的一个真子集。赛博安全源自“cyber security”的音译,国际电信联盟对赛博安全的定义为:保护网络环境、组织以及用户资产安全的一切工具、制度、指导规范、风险管理方法、技术和最佳实践的集合。赛博安全不仅包括对信息资产的保护，还包括人在内的其他资产与利益体，也就是风险事件通过信息系统威胁非信息资产的安全。Von 等(2013)指出，在信息与通信系统得到广泛应用的背景下，赛博安全与信息安全、信息系统安全最关键的区别在于，更加关注信息交互过程中人、组织、社区乃至国家的利益，如网络欺凌、数字媒体、网络恐怖主义等(例如：在网络暴力事件中，通过社交软件威胁到人身安全，或是对被网暴者的心理造成负面影响；网络上盗版电影与电视剧的传播会损害发行机构和付费用户的利益；针对国家电力系统的攻击会造成社会不稳定；等等)。综上所述，本书的研究范畴主要聚焦于信息系统安全以及信息安全，不涉及完整的赛博安全。

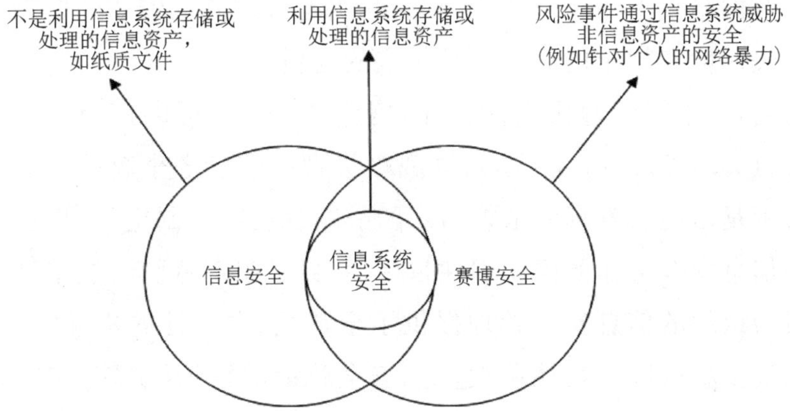

图 1-3　信息安全、信息系统安全与赛博安全的区别与联系

1.2.2　信息安全政策

信息安全政策(information security policy，ISP)是组织为了规范和引导员工访问和使用信息系统、信息资源与信息技术而设立的一系列正式的规则、指南、流程和制度，其中规定了员工保护信息资产的职责以及不遵从行为的后果，主要目的是预防员工的不安全行为，保证组织的信息资产安全(Cram et al.，2021)。信息安全政策一般涵盖了正式且详细的规章制度，旨在引导员工的信息安全行为，包括允许的行为、提倡的行为以及被禁止的行为，从而在他们使用组织的信息系统与信息资源时

提供规范的行为指导(Bulgurcu et al., 2010)。例如,为了确保信息安全,组织会要求员工定期更新杀毒软件,使用复杂密码并定期更换,谨慎点击未知的邮件与网络链接,离开工位时确保电脑锁屏,不使用和携带私人闪存盘或其他电子设备,不分享组织的信息密码与机要文件等。一项完备的信息安全政策主要包含四个方面:首先,确定安全政策的总则、目标、宗旨、使用范围、使用场景并明晰负责人或责任部门;其次,信息资产相关的软件以及硬件的使用说明,包括信息系统的使用流程与访问限制、信息设备的维护与检修以及对滥用与误用情况的界定;再次,日常工作中信息安全相关的其他事项的说明,包括文件储存、调用和共享的流程以及对网络攻击的防范与检测等,并明确保护信息资产的职责;最后,违反相关制度和规定的后果以及对应的处罚措施。

目前,学术界普遍认为,现有的信息安全政策可以划分为三个层级(Cram et al., 2017)。首先,最高战略级别的信息安全政策。该层级的安全政策是由高层管理者依据组织的战略发展需求制定的,旨在为整个组织的信息安全工作明确期望性目标,并界定职责范围。战略型信息安全政策为组织的信息安全管理提供了全局性、方向性的指导,指引组织的信息安全项目以及其他层次信息安全政策的计划、实施、完善以及管理,并为不同的安全领域、部门以及所有员工分配相应的责任。其次,操作层面与流程层面的信息安全政策。该层级的安全政策规定了员工在使用信息系统和信息资源时所需要遵守的规章制度与操作流程,并明确了针对不遵从行为或者其他风险行为的处罚。应用的场景一般包含组织工作的各个方面:例如使用电子邮件、内部网络以及社交媒体的规定,使用私人电子传输与通信设备的守则、使用组织敏感信息资源的安全流程以及防护网络攻击的工作等,即组织员工在日常工作中需要遵循的安全规则和操作程序(Cram et al.,2017)。最后,技术层面的信息安全策略。技术型信息安全政策规定了信息设备与基础设施在运行维护过程中需要遵循的标准、规则和程序,侧重于信息技术与基础设备层面,面向的员工以设备工程师、信息系统工程师以及安全管理员等为主。换言之，技术性信息安全政策可以归为计算机安全（computer security）的范畴，更多地出现于信息技术研究领域。在这三个层级中，战略型信息安全政策来自高层管理者的视角，技术型信息安全政策来源于系统设计师与工程师的视角，只有操作与流程层面的信息安全策略主要面向广大的内部员工，因此也成为本书所关注的重点。

Cram 等（2019）指出，信息安全政策可以按照内容与覆盖面分为两种类型，即通用型信息安全政策与专用型信息安全政策。通用型信息安全政策是指覆盖范围比较宽泛的、适用面很广、通用性质的安全制度与规则，体现的是组织要求和期望的安全行为的集合。Bulgurcu 等（2020）使用的量表就是对通用型信息安全政策的测量："我打算在未来遵守组织信息安全政策中的要求。"专用型信息安全政策是指具体的、有明确指向性的安全规章与要求，例如网络限速、使用特定软件、特殊的备份要求等（Johnston et al.，2015）。以下的测度方式就基于专用型信息安全政策的情景："我预计我会继续使用××软件对收到的电子邮件进行扫描。"相较于通用型信息安全政策，专用型信息安全政策所适用的情景经常是特定甚至是特殊的，例如限制公司的网络带宽、工作时禁止使用即时通信软件（如微信）等，相关的规章制度也更加严格和详细。

在通用型信息安全政策情景下测量遵从行为的优势在于，可以更好地反映员工信息安全遵从行为的总体表现或趋势（Siponen et al.，2014）。就像犯罪学领域的研究学者在检验某项措施对研究对象行为的影响效果时，大多关注的是一系列偏差行为而不是单一行为一样。当一项研究所测量的行为更加一般化时，也意味着更好的普适性（Siponen et al.，2019）。通用型信息安全政策的组织情景可以完整地包含员工在工作场合下面对的所有遵从或者违规的时机和情景，根据员工遵从情况就可以衡量与评判员工实际的信息安全行为。因此，本书中的信息安全政策均指通用型信息安全政策，所测度的信息安全遵从行为也是基于通用型信息安全政策的情景，反映了政府工作人员与企业员工按照组织的要求使用信息资源和保护信息资产的总体程度。

1.2.3 信息安全行为

本书所关注的信息安全行为，是特定群体保障信息资产保密性、完整性和可用性的所有行为集合。安全相关行为的概念框架如表1-1所示，本书按照最受组织欢迎到最需要组织规避和防范的顺序，将信息安全行为划分为信息安全防护行为（security assurance behavior，SAB）、信息安全遵从行为(security compliant behavior，SCB)、信息安全风险行为(security risk-taking behavior，SRB)和信息安全破坏行为(security damaging behavior，SDB)。本书的后续章节主要关注和使用的是信息安全遵从行为(SCB)，下文统一简称信息安全行为。

表1-1 安全相关行为的概念化框架

类型	信息安全行为			
	信息安全防护行为	信息安全遵从行为	信息安全风险行为	信息安全破坏行为
定义	有明确动机保护组织信息系统的个人的积极行为	符合组织安全政策的行为	可能使组织信息系统面临风险的行为	将对组织的信息系统造成直接损害的行为
举例	采取预防措施；报告事故	不做被禁止的事情	共享密码；将敏感数据复制到移动设备	破解密码；数据盗窃
意图	有意的	有意或无意的	有意的	有意的
动机	有益	中性	中性	恶意
专业性	高	低到高	低到高	高
角色	最终用户和信息系统人员	最终用户和信息系统人员	最终用户和信息系统人员	更有可能是信息系统人员
相关性	否	否	是	否
结果	提升安全性	—	风险	直接损害
行动与否	行动	行动或不行动	行动	行动
规范	—	组织政策	组织政策	法律和组织政策
其他特征	做不要求做的事	做应该做的事，不做不应该做的事	做不应该做的事	做禁止做的事

1. 信息安全防护行为

信息安全防护行为是指员工为保护组织信息资产而积极实施的主动行为。从信息安全管理的角度来看，信息安全防护行为是最理想也是最鼓励的行为，包括阻止同事的不安全行为、主动采取预防措施和报告安全事件。信息安全防护行为要求员工具备较高的专业水平、高度的责任心和敏感的风险感知能力，在某种程度上类似于组织公民行为，意味着员工正在做自己职责范围以外的有益于组织的行为。

2. 信息安全遵从行为

信息安全遵从行为是指遵从组织安全政策的有意或无意的行为。其中，有意的行为是指员工有意识地试图避免违反安全政策或造成安全问题；无意的行为是指员工可能会在不考虑安全问题的情况下做一些事情，但是他们的行为可能仍然符合组织的安全要求。总之，信息安全遵从行为是员工在做他们应该做的事情(职责范围的要求)，或者不做他们应该不做的事情(安全政策明令禁止)。

3. 信息安全风险行为

信息安全风险行为是指令组织信息系统面临风险的非有意行为。行为者没有主观上故意损害组织信息资产的动机，如将密码共享给同事、没有妥善保管机密资料以及将敏感数据复制到移动设备等。这种类型的行为是员工在无意间做了不应该做的事。

4. 信息安全破坏行为

信息安全破坏行为是指那些可能对组织信息系统安全造成直接损害的故意行为。与其他类型的行为相比，信息安全破坏行为是恶意的，通常不仅会得到组织的惩罚，还会受到法律法规的惩处。就后果而言，信息安全风险行为和信息安全破坏行为之间有一个关键的区别：就信息安全破坏行为而言，其后果是直接损害；然而就信息安全风险行为而言，其后果是风险，即可能但不一定会造成损害。

在上述概念框架中,信息安全防护行为与信息安全遵从行为的不同之处还在于,前者更积极,需要付出更多努力。因此,信息安全防护行为相对于其他行为来说更为主动,而信息安全遵从行为、信息安全风险行为和信息安全破坏行为则更为可控。

1.2.4 信息安全管理

随着新兴信息技术的高速发展与普及应用,政企组织在受益于技术发展的同时也面临着来自信息安全问题的严峻挑战,越来越多的从业者与研究人员都已达成了以下共识:解决信息安全问题不应仅从技术方面着手,只有从人的角度入手优化管理手段与体制机制,方能有效和全面地应对各类复杂的信息安全事件(Liu et al., 2022)。"三分技术,七分管理"的信息安全原则正是基于这种认识。一项调查显示,虽然90%的系统安装有防病毒软件,但这些系统中依然有85%的系统感染了计算机病毒;虽然89%的系统安装有防火墙,60%的系统安装有入侵检测系统,其中依然有90%的系统存在安全漏洞,40%的系统遭受了外部攻击(严承华 等,2017)。一般而言,事故原因可归纳为三类:人的不安全行为、物的不安全状态和管理的缺陷。人和物这两方面的因素已经被广泛认可,但管理的缺陷却往往容易被忽视。因此,如果将安全技术视为信息安全的构筑材料,那么安全管理就是关键的黏合剂和催化剂。建立和健全管理体制,明确各级组织、主管部门和主管人员的职责与分工,明确安全管理的行为原则与运行机制,是信息安全的重要组织保障。只有将切实有效的安全管理贯穿落实安全建设的方方面面,信息安全的稳定性与有效性方能得到保证。

由此可见,信息安全管理是一项复杂的系统工程,旨在保护组织的信息资产免受未经授权的访问、使用、披露、破坏、干扰或滥用,最终将安全风险降低到可接受的程度,这就需要对整个组织网络中的各个环节进行统一的综合考虑、规划和构架,并时时兼顾组织内不断发生的变化,因为任何环节上的安全缺陷都会对系统的整体安全构成威胁。在内容方面,信息安全管理涉及信息安全的各个方面,包括信息安全政策制定、风险评估与管理、安全监测和应急响应、法律合规性、人员安全培训和意识培育等一系列工作。在本书中,将信息安全管理定义为:组织基于保障信息资产机密性、完整性和可用性的信息安全目标,遵循既定的安全策略和规范程序进行的一系列规划、组织、指导、协调和控制活动。总之,信息安全管理是信息安全保障体系建设的重要组成部分,对保护组织的信息资产、降低信息系统安全风险和指导信息安全体系建设具有重要作用。

1.3 压电式信息安全管理

1.3.1 压电效应与压电理论

压电效应(piezoelectric effect)中的词头“piezo”源于希腊词汇“piezein”,原意为“压缩”或“挤压”,该词根在英语中表示压电效应及其相关的现象、设备和材料。压电效应的历史可追溯到 1815 年 Coulomb 提出的理论设想,即机械压力可以产生电信号。1880 年,Jacques Curie 和 Pierre Curie 兄弟研究热电现象与晶体对称性的关系时,在石英晶体上首次发现了压电效应:当有变化的机械压力沿着晶轴作用时,会产生相应的极化电荷,也就是晶体加压后可以产生电现象。所谓压电,就是由于晶体上的机械应变产生的电极化,其强度与应力的大小成正比,极化的正负也随应力方向而变化。

一方面,机械应力可以诱导一系列晶体中的表面电荷产生,包括电气石、石英和黄玉等;另一方面,物理学家 Gabriel Lippmann 于 1881 年提出,电可以引起相关晶体机械应变的产生,根据热力学原理、能量守恒及电荷守恒定律预言了逆压电效应的存在。同年,Curie 兄弟证实了压电晶体在外加电场作用下会出现应变和应力,并发现压电效应是固态电介质的力学参数和电学参数之间的线性耦合效应,同时获得了石英晶体相同的正逆压电常数,证明了正逆压电效应具有相同的压电常数。1894年,Woldemar Voigt 用热力学唯象理论推导出压电方程,标志着压电理论逐渐走向成熟。自此,关注压电效应的研究呈指数级增长,目前压电效应已被广泛应用于航空航天、新能源、军事、医疗等诸多领域(高长银,2021)。

综上,压电效应是指不存在对称中心的晶体等压电材料受到机械应力时产生电极化现象,或者在施加电场时产生机械应变的物理现象。压电材料(piezoelectric materials)是能够产生压电效应的材料,包括石英晶体、钛酸钡、锆钛酸铅等。根据机械能和电能互相转换的方向,压电效应可划分为正压电效应和逆压电效应。如图 1－4 所示,正压电效应是指当沿着一定方向施加压力时,某些晶体内部会产生极化现象,同时在两个表面产生符号相反的电荷,即产生了电势差,且电荷数量与材料所受到的外力大小呈正相关。在去掉外力后,压电材料又会恢复到不带电的状态。当作用力的方向改变时,电荷的极性也随之改变。正压电效应可以应用于压电传感器、压电陶瓷、压电振荡器等领域。逆压电效应是指当施加电场时,晶体材料中的正负电荷会重新分布,从而导致尺寸的伸长或收缩,即产生正向或负向的机械变形或机械应力。当外加电场撤去后,变形或应力也随之消失。逆压电效应可以应用于逆压电陶瓷、声波发生器、声波传感器等领域。总之,正压电效应的实质是机械能转化为电能的过程,而逆压电效应则是电能转化为机械能的过程,而且两者的过程都是可逆的。

压电理论(piezoelectric theory)正是源于压电材料受到外力挤压时的特性:当有外力作用时,压电材料内部的电荷会移动到对应的表面(正负电荷分别移动聚集到一侧),当外力消失的时候,又会恢复初始不带电的状态。换言之,该特性的本质就是通过内部状态的变化(电荷移动)来响应外力的作用。在外部施加压力时,该特性所涉及的状态变化可以归纳为三个状态:挤压(squeeze)、触发(trigger)和对齐(alignment);当压力消失时,则是放松(relax)、触发(trigger)和无对齐(de-alignment)。

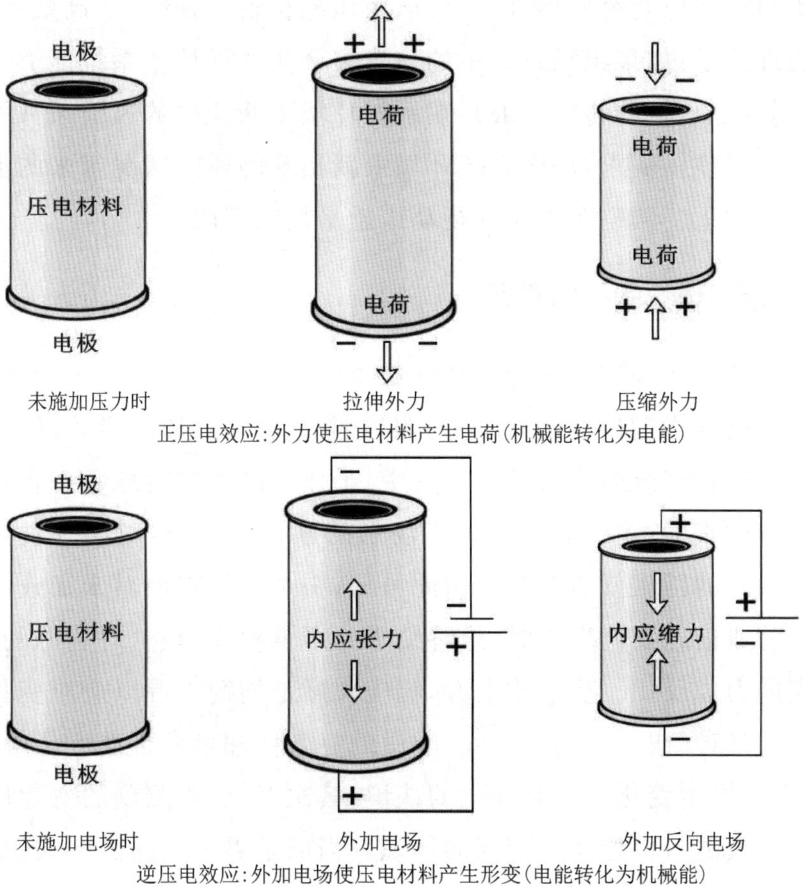

图 1-4　正压电效应与逆压电效应

基于压电理论的视角，可以将压电材料的特性与人类组织类比：在常规状态下的个体主要专注本职任务，就好像是“放松”状态下的电荷。当信息安全事件发生时，就如同突然施加的外部压力，可以在第一时间对安全事件做出响应的员工往往是随机的，而安全保障很可能并非他们的主要职责。然而，与压电材料不同的是，人类的响应会是主观的、情绪化和个人的，事件发生前或事件发生当时的环境及个人因素都会影响他们的行动，甚至没有任何行动，个人乃至整个集体在面对突发的安全事件时，反应很有可能是混乱和低效的。因此，压电理论的核心目标就是令人类组织在应对突发事件时，可以像压电材料一样统一、高效和协调。其核心理念是：如果组织系统中的信息安全实践设计使系统能够重新调整（如同压电材料的特性一般），在系统环境不断变化的风险条件下也能满足系统的整体需求，那么系统环境中新出现的风险状况带来的潜在负面影响将被重新调整所采取的行动措施平衡或消除。

1.3.2 压电理论的核心要素

压电理论认为，如果组织中的个体能够通过协同合作做到响应一致，那么达到（或近似达到）压电材料特性的效应就是可能的，但需要个体和组织进行充分的准备工作。其中，个体的准备与就绪状态将有助于减轻响应的难度，组织对不同事件场景的准备越充分，对事件进行响应时可能遇到的困难就会越少。由此可见，一个组织在面对未知或已知的安全威胁或信息安全事件时，最终结果的严重程度与它（对资源的均衡）的响应能力成反比。从本质上看，响应实际是均衡资源以应对变化事件所采取的某种（或一系列）行动。响应的有效性和可靠性高度依赖于：首先，对事件发生变化或将有变化的认识；其次，对已检测到的变化该采取何种措施及准备得如何等问题的认识。当前学界和实践界的共识是，组织对变化事件采取有效措施的机会将随着时间的流逝而减少。当变化在事件中逐渐显现的时候，组织对其能采取的响应也会变得更加有限。如果提前意识到变化的发生，并对变化进行早期准备，将使得组织在应对变化时有条不紊，从而得到完全不同的结果。因此，在组织的环境中，变化的状态存在三个属性，如同压电式材料一样，其可以检测和响应发生的变化。它们是变化事件、态势感知和关键性对齐。

组织要达到有效的响应性，需要具备的三个核心要素包括：首先，检测并识别诱因，以发现变化的事件；其次，具有准备就绪的系统（包括人员、过程及技术），从而有效、高效地响应每一个不同的诱因，并且增强组织的事态感知能力和风险辨别能力；最后，对发展中事态的活动和沟通进行协调——调整响应系统中的人员、过程和技术，管理事件以保证业务的连续性，重点关注所涉及的关键系统和环节。这三个核心要素也是贯穿全书的压电式信息安全管理理念的具体体现。如图 1－5 所示，在组织的治理元素层面，外力的挤压（变化事件）可以类比为组织控制或应急响应策略，从而产生了有利于消除安全事件负向影响的遵从行为或响应行为（态势感知）；信息安全事件发生之后，组织需要进行评估和反馈，进一步调整组织的资源配置以达到关键性对齐的目的。从压电理论的视角出发，信息安全管理的本质是“针对变化做出响应”，既可因“挤压”而触发相应的机制并改变当前的安全状态，也可因“挤压”消失而恢复常规状态，旨在通过防范安全风险和应对信息安全事件来消除不利因素给组织带来的负面影响（胡峰，2021）。

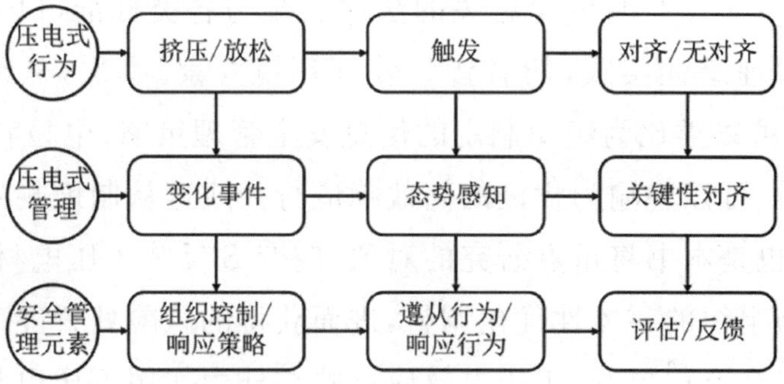

图 1－5　压电理论的核心要素

1.3.3　压电式信息安全管理

作为一种多主体和动态化的状态，实现信息安全需要组织从自身需求出发，在风险分析和参考国内外各类安全标准与最佳实践的基础上，构建科学合理的安全管理体系，同时还应当随着组织内外环境的变化进行动态的调整和优化，这也是压电式信息安全管理的基本出发点。本书对压电式信息安全管理的定义为：基于压电理论的核心要素（变化事件、态势感知与关键性对齐），为了降低乃至消除信息安全事件的风险，提升组织员工的信息安全意识，促进信息安全行为，实现保障信息资产机密性、完整性和可用性的信息安全目标，所进行的一系列组织、计划、执行、检查和协调的活动集合。本书所指的信息安全事件，是指由于人为原因、网络遭受攻击、网络存在漏洞隐患、软硬件缺陷或故障、不可抗力等因素，对网络和信息系统或其中的数据和业务应用造成危害，对国家、社会、经济造成负面影响的事件。信息安全意识代表组织员工对信息安全重要性与安全保护职责的理解程度，以及在工作场景中对信息安全制度及相关安全措施的践行程度；信息安全行为则是组织员工保障和维护组织信息资产安全的所有行为集合。

压电式信息安全管理的概念模型如图 1－6 所示，该模型涵盖了压电理论的五个核心要素：应力 T、推力 P、电场 E、电位移 D 以及应变 S。首先，从组织外部来看，应力 T 可以类比为现实世界的各类信息安全事件，推力 P 代表了信息安全相关的法律法规与各类标准，以及本行业的信息安全管理最佳实践，两者皆为外部环境要素。其次，从组织内部来看，电场 E 可以类比为组织制定的信息安全管理策略。电位移 D 描述了电荷的运动，可以隐喻为积极的高效响应行为或遵从制度规定的信息安全行为，它也是本书将重点研究的对象。应变 S 反映了压电材料的形变，可以类比为组织的整体性优化调整，进而获得的风险处置能力提升与组织员工的安全意识提升。正压电效应反映在外力作用下压电材料出现的极化现象，可以类比为非常态下的应急响应。当应力不太大时，正压电效应产生的极化强度与应力呈线性关系，可得到 $D = dT$（D 代表极化强度，d 为压电应变常数，T 为应力）。负压电效应是附加外部电场时压电材料出现的形变现象，可以类比为组织从应急状态恢复到常态化安全治理，也就是组织层面的“形变”。当电场不是很强时，应变与外电场呈线性关系，可得到 $S = dE$（S 为应变，d 为压电应变常数，E 为电场强度）。在三个核心要素中，变化事件是指通过检测和识别可能的风险诱因，界定对组织具有实质性威胁的信息安全事件，可以提炼为“分类分级，识别诱因”的信息安全管理策略；态势感知强调加强对信息安全事件的感知能力，通过准备就绪的系统（人员、制度与技术）高效响应和解决信息安全事件，可以提炼为“意识提升，高效响应”的信息安全管理策略；关键性对齐着眼于调整和协调组织中的人员、制度与技术，重点关注影响业务运作与核心利益的关键资产，从而确保组织业务的连续性与损失的最小化，可以提炼为“资源聚焦，调整协调”的信息安全管理策略。最后，压电式信息安全管理的核心理念可以提炼为：组织的风险事件识别能力、高效响应能力与调整协调能力将决定信息安全管理的效能。

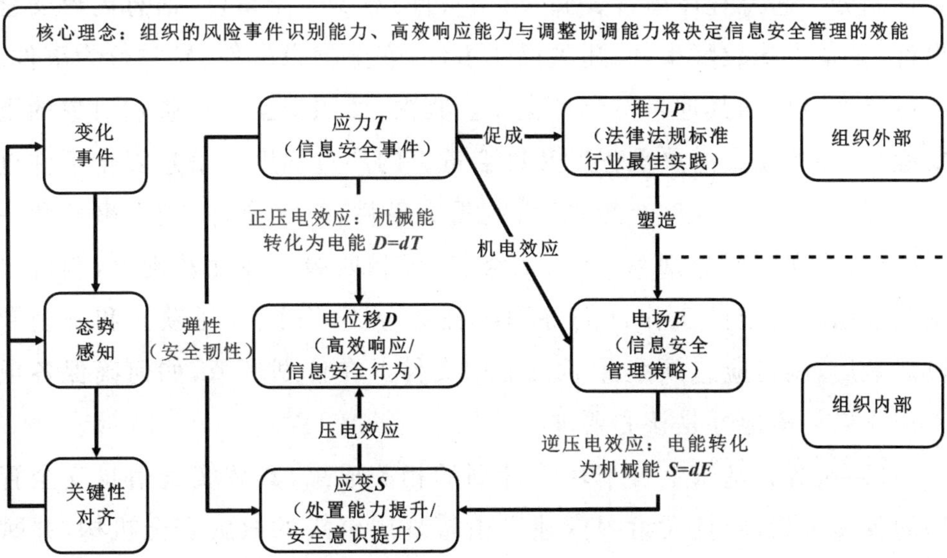

图 1－6　压电式信息安全管理模型

PDCA 管理模型是由美国质量管理专家戴明于 19 世纪 50 年代开发并提出的，也称“戴明循环”或“戴明环”，是有效进行一项工作的循环的四个阶段，包括计划（plan）、执行（do）、检查（check）和行动（act）。这四个阶段可以帮助组织和个人进行系统性的问题解决和决策分析，其核心思想是通过不断循环这四个阶段，改进和提高组织或个人的绩效和效率。它强调数据和事实的重要性，以及持续学习和改进的意识。这种方法被广泛应用于质量管理和项目管理等领域。在信息安全管理领域，每一次的安全管理活动循环都是在已有的组织策略指导下进行的，每次循环都会通过检查环节发现新问题，然后采取行动予以改进，从而形成了安全策略与管理体系的螺旋提升。压电式 PDCA 循环的主要工作内容包括以下几个方面。

(1)计划。首先,要制定本组织的信息安全目标以及具体的信息安全政策,在此指导下进行风险识别以及信息安全事件的分类分级工作。综合考量事件起因、威胁、攻击方式和损害后果等因素,可以将信息安全事件划分为恶意程序事件、网络攻击事件、数据安全事件、信息内容安全事件、设备设施故障事件、违规操作事件、安全隐患事件、异常行为事件、不可抗力事件和其他事件十种类型。其次,按照安全事件影响对象的重要程度、业务损失的严重程度和社会危害的严重程度对信息安全事件进行分级,可将其分为四个级别:特别重大事件、重大事件、较大事件和一般事件,从高到低分别为一级、二级、三级和四级。在此基础上,制订组织关于信息安全的工作计划并明确任务分工,分配责任领导和安全专员。最后,制订应急预案并形成工作文件。在计划环节,如何确保各项工作成果的落地性是核心要求。

(2)执行。基于上一个环节计划的相关成果,具体实施信息安全管理的各项步骤,包括在组织内建立由管理层牵头的权威安全机构,并赋予实质性的管理权限以确保安全管理措施的有效性。首先,需要管理层(企业高管或者机关单位"一把手")进行自上而下的推动,确保各项安全措施的落实。其次,需要加大对培训工作的资源倾斜及投入,推动全体员工的信息安全培训,使用情景式案例教学以及信息安全意识测试题库等工具,全面提升员工的信息安全素养。在执行环节,确保工作推进过程中的权威性是核心要求。

(3)检查。基于上一个环节执行的相关成果,进行信息安全管理体系构建的检查环节。首先,评估组织合规性与环境适配性,需要重点检查组织各项安全管理工作与各级法律法规的适配程度,检查组织安全管理工作是否符合最新安全环境的要求。其次,通过模拟演练等形式,检验组织的信息安全政策与应急预案的实际效果,然后针对组织的核心信息资产和关键的管理环节,进行关键性对齐的评估,确保组织的主要资源投入到了最关键、最薄弱的地方。最后，检验组织以及员工应急响应能力以及培训效果，并做好详细的总结和评估记录。在检查环节，如何确保安全管理工作的全面性是核心要求。

(4)行动。基于上一个环节检查的成果，执行信息安全管理体系构建的行动环节。首先，基于上述环节的评估和总结资料，客观、全面地评价组织现有信息安全管理体系的有效性，包括目标是否切合实际、信息安全政策是否落地、信息安全事件的分类分级是否准确全面、任务分工和组织架构是否合理、培训工作是否有显著效果、组织资源的关键性对齐成效。其次，总结管理过程的成功经验和失败教训，及时整理成文字材料在组织内部公开传阅学习，并根据评估结果在组织内部进行全方位的动态调整，包括人员、架构与制度。例如，在薄弱环节增派更多员工、撤销或者合并闲置岗位、修改信息安全管理的制度要求等。最后，做好准备工作进入下一阶段的大循环。在行动环节，确保安全管理工作的及时性是核心要求。

图 1－7 呈现了压电式信息安全管理的具体应用模式，也就是压电式 PDCA 循环。

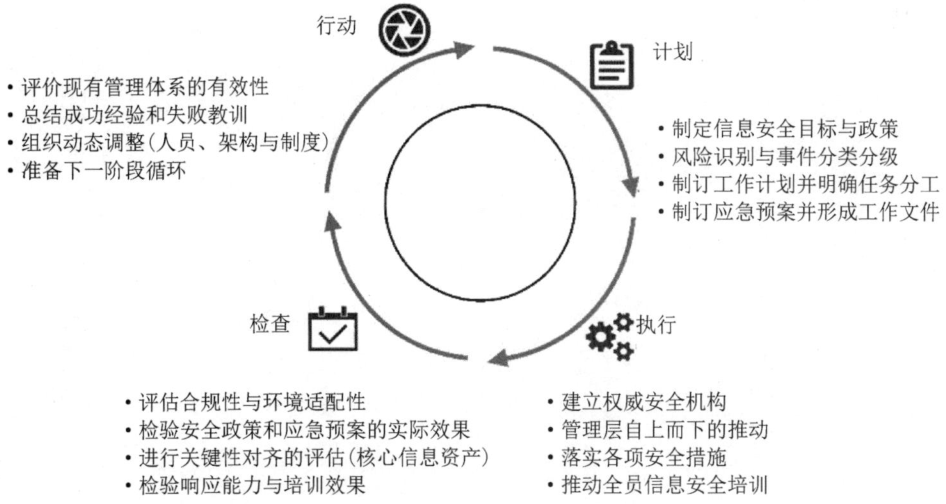

图 1－7　压电式 PDCA 循环

1.4 本章小结

当前,新一轮信息技术革命和产业变革正在深入推进,不仅加速了信息的流通速度和处理速度,而且极大地提升了决策的智能化水平,在全球范围内深刻地影响着政府治理和企业运营的方方面面,推动传统生产力向新质生产力迈进。然而,随着信息化和数字化进程的不断加深,政府与企业正面临着来自信息安全问题的严峻挑战。如何在推动信息技术革命、加快新质生产力形成的同时,有效地防范和应对信息安全威胁,已成为亟待解决的重要问题。值得指出的是,人的因素已成为信息安全管理的薄弱环节,组织成员不遵从组织安全管理制度和要求的行为是信息安全事件频发的重要原因。与此同时,信息安全已经上升到国家安全战略的高度,针对中国政府及企业的信息安全管理研究不仅保护了组织的信息资产安全,也保障了国家安全与经济社会的稳定运行。本章在引入研究背景和界定研究概念的基础上,详细阐述了压电理论的缘起、内涵与核心要素,重点讨论了压电式信息安全管理的定义及主要内容。

第 2 章　理论基础

2.1　总体国家安全观

2014 年 4 月 15 日，习近平总书记在中央国家安全委员会第一次全体会议上首次提出“总体国家安全观”的概念，强调要准确把握国家安全形势变化新特点、新趋势，坚持总体国家安全观，走出一条中国特色国家安全道路。这是党的历史上第一个被确立为国家安全工作指导思想的重大战略思想，是建构新时代中国特色国家安全理论的伟大创举。以“五大要素”“五个统筹”以及“十个坚持”为核心要义的总体国家安全观，是习近平总书记提出的中国特色国家安全理论，是马克思主义中国化和时代化的最新成果（总体国家安全观研究中心，2023），是在信息技术革命浪潮下对安全新形势的历史性新判断（薛澜 等，2024），更是我国新时代国家安全工作的根本遵循和行动指南。

当前我国国家安全内涵和外延比历史上任何时候都要丰富，时空领域比历史上任何时候都要宽广，内外因素比历史上任何时候都要复杂。党的二十大报告用专章对“推进国家安全体系和能力现代化，坚决维护国家安全和社会稳定”进行全面部署，突出了国家安全在党和国家事业中的战略地位。党的二十大报告明确提出：“我们要坚持以人民安全为宗旨、以政治安全为根本、以经济安全为基础、以军事科技文化社会安全为保障、以促进国际安全为依托，统筹构建外部安全和内部安全、国土安全和国民安全、传统安全和非传统安全、自身安全和共同安全，统筹维护和塑造国家安全，夯实国家安全和社会稳定基层基础，完善参与全球安全治理机制,建设更高水平的平安中国,以新安全格局保障新发展格局。”这一论述贯穿了习近平新时代中国特色社会主义思想的世界观和方法论,对认识和处理新时代条件、新发展阶段、新变局下的国家安全问题具有重大指导意义。

在国家安全领域,中国共产党把马克思主义国家安全理论与当代中国国家安全具体实际相结合,始终坚持以习近平总书记关于总体国家安全观重要论述为指导,在国家安全制度体系、法律体系、战略体系以及教育体系等方面均取得一系列显著成就,走出了一条具有时代特点和中国特色的国家安全道路。当前,总体国家安全观视域下的信息安全已经上升到国家安全的高度,深刻影响着政治安全、军事安全、经济安全、科技安全和文化安全等诸多领域,其渗透作用愈发凸显,是国家安全领域最突出与最核心的问题之一(武珊珊,2020)。压电式信息安全管理的提出正是基于总体国家安全观的指导思想,其研究对象包含了信息技术领域的非传统与传统信息安全,并将统筹发展与安全作为指导方针,通过建立健全法规制度、加强安全意识教育和推进安全队伍建设等途径全面加强总体信息安全管理(薛澜 等,2024)。

2.2 社会交换理论

社会交换理论(social exchange theory)兴起于20世纪50年代后期(刘永根,2015),主要从经济学、社会学和心理学的角度出发解释人的交换行为,如社会与组织中的人际互动过程(Cropanzano et al., 2005),包括组织之间的交互、互惠行为、领导成员交换的质量以及个体与组织之间的关系等(Wu et al., 2006; Cropanzano et al., 2005)。Homans(1958)正式提出了社会交换理论,认为人与人交互的一切社会行为都是一种交换(李凯 等,2013),交换的对象既包含物质性资源也包含非物质性资源,例如包括物品、机会、荣誉和利益等,交换的目的是为了获取最大收益,参与个体会计算成本和利益来决定是否交换。Homans将个人行为视为社会学研究的关键对象，认为人与人之间互动的社会行为是一种交换的过程，尝试用一系列命题解释个体间的互动关系，并提出了社会行为的公式：行为等于价值与可能性的乘积（Homans, 1974）。Homans 的理论非常强调心理还原，将一切社会行为与社会结构还原为个体行为中蕴含的心理现象，因此，他的思想也被称为行为主义倾向的社会交换（刘永根，2015）。然而，Homans 过分强调和专注于个体的微观层面，他的社会交换理论主要局限于心理学领域的人际互动，却忽略了众多组织与社会层面的特性，难以解释更宏观的社会现象与组织结构（吴川徽 等，2020）。

在上述理论的基础上，Blau（1964）从结构主义角度进一步扩充和发展了社会交换理论：认为社会交换是出于得到他人回报的期待而驱使的、自愿的交互行为，在得到他人回报时发生，当失去回报的应答时就会停止，处于完全理性的收益计算与完全感性的情感驱动的中间情况。社会关系与社会结构是在不断的给予与回报、再给予和再回报的过程中建立和维持的（冯必扬，2011）。Blau（1964）指出，社会交换与经济交换最大的区别在于，社会交换包含期望回报的需求，引起了没有明确规定的非正式义务，是一种利益互惠的行为。例如，甲方向乙方提供帮助后，乙方对甲方有了回报的义务，但不知道乙方是否会回报、怎么回报和什么时候回报，所以具有不确定性和风险性。社会交换所隐含的回报义务无法具体衡量，义务的履行只能出自信任，也只有社会交换可以引起个体的义务感、信任感以及感激之情，这些都是经济交换所不具备的。Blau 提出的社会交换理论有鲜明的结构主义倾向，与 Homans 的思想有着鲜明的差异：首先，Homans 将个体间一切的社会行为视为社会交换，但 Blau 认为社会交换是一种有限制条件的社会行为，建立在与他人互动的基础上，单方面的交换不应视为社会交换。此外，社会交换还应该是一种目的性的（获取有形或者无形的报酬或收益）行为，并为了达成该目的采取了相应的手段。其次，Blau 认为社会交换不仅局限于 Homans 指出的人与人之间，还可以出现在人与组织之间。交换行为不仅联结了个体,也可以联结个人与组织以及社会的一个部分和另一个部分。这也体现了 Homans 与 Blau 在底层理论思想上的差异:前者认为个体是社会学研究的主要对象,将心理学理论作为解释社会行为的基础,试图将复杂的社会组织、社会现象以及社会结构用个体层面的心理现象向下还原;后者则将交换视为社会结构的重要前提,认为微观的交换行为可以推动宏观社会结构的形成、发展与变迁。

不同于一些社会心理学家用外生的社会规范解释行为,社会交换理论认为社会行为是由社会关系中影响个人行为的互利互惠所主导的(Gächter et al., 1996),人际交往的过程是基于互利互惠原则的交换(刘顿 等,2018)。换言之,互惠原则才是社会交换过程中的关键。互惠原则强调人们的付出应该获得他人的回报,是一种"知恩图报"和"有恩必报"的道德规范和社会准则,其主要有三种性质:回报的平等性、即时性和利益性(Sahlins, 2017)。平等性衡量的是双方所交换的价值是否相等,即时性是指从收到恩惠到给予回报所间隔的时间,利益性是指双方交换的动机,例如纯粹的自我利益或是无私地为他人考虑,或是两者之间的综合性程度。上级和下属之间高质量的关系,就往往建立在这两者之间(自私自利和无私奉献)的互惠程度(任孝鹏等,2005)。

在中国的情景下,社会交换理论被用来解释"关系"的内涵、质量以及互惠原则等。《隋书》中有云:"古之君子,使之必报之。"这里的施与和回报,蕴含的便是社会交换的理念与规范。鉴于中国特殊的社会取向特征与人际交往范式(黄光国,2010;Brewer et al., 2007),社会交换理论特别适用于解释中国组织中关系和人际联结的形成与维护(Shore et al., 2009)。例如,员工-组织关系的建立,就是员工以个体的劳动来换取组织的报酬,以个体对组织的忠诚来换取组织对个体的关心和支持;员工的努力工作会使组织有更大的发展;员工与组织之间相互依赖关系的形成就是一种社会交换关系的建立。因此,社会交换理论为员工组织承诺的形成提供了理论基础:如果企业为员工提供了良好的工作环境、满意的薪资与职业生涯发展空间，那么企业就会得到员工的承诺（刘小平，2012），也就是员工使用自己对组织的承诺交换了来自组织的支持。在中国的组织文化中，上下级关系被视为一种需要的社会互动模式，其对员工的思想、行为和态度具有显著影响（Law et al.，2000）。这种关系通常超越正式的职务分工，体现出一种基于互惠原则的社会交换特征（Zhang et al.，2014）。在这种交换关系中，上下级之间的互动往往通过资源的分享和支持的提供来维系，形成一种动态的互动模式（Warren et al.，2004）。例如，上司可以通过提供额外的激励措施或职业发展支持来增强下属的工作满意度和忠诚度（Law et al.，2000），而下属则可能通过积极响应上司的决策和要求来表达对这种支持的认同（Law et al.，2000；Yang et al.，2011）。综上，如图 2－1 所示，上下级关系可以描述为员工与上司之间构建的非正式社会交换关系，而组织承诺也可以视为员工与组织之间的交换关系（刘小平，2012）。

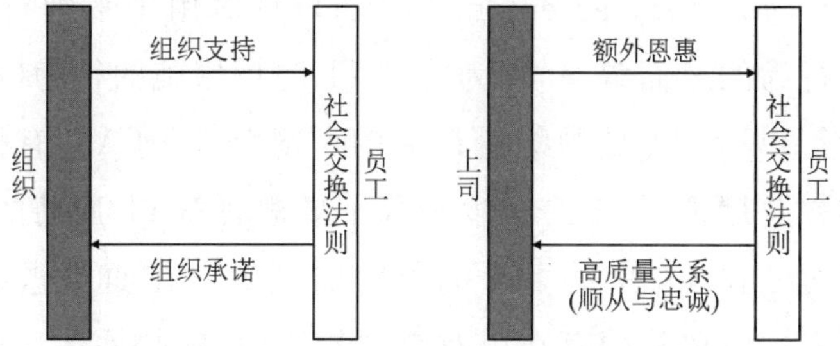

图 2－1　组织承诺与上下级关系的社会交换法则

有学者指出，未来信息系统领域的研究应该更多关注中国情境下的社会交换（吴川徽 等，2020）。鉴于中西方的社会交换法则有着本质上的不同，社会交换理论在西方情景下的研究结果与管理启示不一定适用或者不能够完全解释中国组织中的员工行为。以上下级关系为代表的、具有中国本土文化特性的社会交换现象深刻地影响着中国政府与企业员工的组织行为，其影响机理与作用方式值得更进一步探究与验证。

2.3 技术威胁规避理论

鉴于信息安全领域的原创理论相对贫乏的状况,同时也为了解释个体在IT威胁下的行为及其动机,Liang等(2009)在总结和归纳了大量文献的基础上,结合医疗保健、控制理论、心理学和信息系统等领域的研究,提出了技术威胁规避理论(technology threat avoidance theory, TTAT),系统地解释了IT终端用户为什么以及如何主动规避恶意IT威胁(Liang et al., 2010)。所谓恶意IT威胁,是指损害或意图损害计算机、信息系统以及IT基础设施的恶意攻击或其他事件,包括勒索软件、钓鱼邮件、蠕虫、间谍软件以及网络入侵等,它会造成系统崩溃、业务停滞和数据泄露等严重后果。在信息安全的情景下,TTAT创新性地指出规避(avoidance)和采纳(adoption)属于不同性质的行为,传统的技术采纳模型(technology acceptance model)只适用于采纳行为,但无法提供对规避行为的全面解释,因为采纳IT防护措施的行为(如使用和更新杀毒软件等)只是IT威胁规避行为的一部分。TTAT有机地融合了过程理论和方差理论,从多个角度解释了规避恶意IT威胁的个体行为,从而加深了对处在IT威胁下人的行为的理解。在面对恶意IT时,终端用户会首先评价风险的存在以及威胁的程度(威胁评估),然后考虑他们是否能够采取或者是否愿意采取措施来避免恶意IT所带来的风险(Herath et al., 2014)(应对评估)。基于这两种评估,当终端用户认为这些威胁可以应对和消除时,他们会采取保护措施来避免和降低可能的损失;如果他们认为威胁很难避免或者难以防范,就可能被动地采取情感性应对措施,也就是不采取实际行动,而是进行宗教性质的祈求或者心理上的自我安慰(Liang et al., 2019; Liang et al., 2020)。

表2-1描述了技术威胁规避行为的过程与影响因素。首先,从控制理论的视角出发(Carver et al., 1982; Carver et al., 1994),终端使用者的技术威胁规避行为是一个动态的和正向的循环反馈,它可以被看

作是个体试图扩大当前安全状态和不安全最终状态之间距离的控制过程（Edwards，1992；Elliot，2006）。从应对理论的视角出发（Hauser et al.，1990；Lazarus，1966），终端使用者通过威胁评估和应对评估来评估他们所面临的威胁（Lazarus，1966；Loch et al.，1992；Maddux et al.，1983），并决定是以问题为中心（采取实际行动）或以情绪为中心（不采取实际行动）的应对方式来规避威胁（Karahanna et al.，1999）。从风险管理（Baskerville，1991）与健康心理学的角度出发（Maddux et al.，1983），终端使用者的威胁感知是由感知到的威胁发生的概率（感知易感度）和感知到威胁负面后果的严重程度（感知严重度）决定的，衡量的是个体将 IT 威胁视为危险事件的程度。感知易感度是指个体主观认为的 IT 威胁真正发生的可能性；而感知严重度是指个体对于既定事件带来不利后果的主观评估。从保护激励行为与自我效能理论的角度出发（Maddux et al.，1983；Rhee et al.，2009），终端使用者从三个角度来评估威胁可避免性：保障措施的有效性、采取保障措施的成本和运用保障措施的自我效能。保障措施的有效性是指个体对保障措施能否有效规避 IT 威胁的主观评估；采取保障措施的成本是指个体在采取保护措施应对威胁时，所需付出的一系列心理上与生理上的成本，包括时间、金钱、精力以及不便利的体验等；由于规避恶意的 IT 攻击需要具备计算机与信息系统的操作技能与使用经验，运用保障措施的自我效能是指个体对自己是否有信心、是否有能力以及是否具备相关技能做好保障措施的综合评估与判断。

表 2－1　技术威胁规避理论

技术威胁规避行为的过程与影响因素	相关理论
终端使用者的技术威胁规避行为是一个动态的和正向的循环反馈，它试图扩大当前所处状态与不期望的最终状态（遭受威胁的影响）之间的距离	控制理论
终端使用者通过威胁评估和应对评估来评估他们所面临的威胁，并决定如何通过以问题为中心或以情绪为中心的应对来避免威胁	应对理论

续表

技术威胁规避行为的过程与影响因素	相关理论
威胁评估:终端使用者的威胁感知是由感知到威胁发生的概率(感知易感度)和感知到威胁负面后果的严重程度决定的(感知严重度)	风险管理与健康心理学
应对评估:终端使用者从三个角度来评估威胁可避免性:保障措施的有效性、采取保障措施的成本和运用保障措施的自我效能	保护激励行为与自我效能理论

因此,由表 2-1 可知,技术威胁规避行为是一个动态的正反馈环,包括威胁评估(感知到的威胁)和应对评估(威胁可避免性)两个过程。在完成了这两项评估的基础上,个体会在两种应对方式中进行抉择,包括问题导向应对 (problem-focused coping ,PFC) 和情绪导向应对 (emotion-focused coping,EFC) 两种类型(Herath et al., 2009)。PFC 是指个体理性地采取行动来解决问题和远离威胁,例如使用复杂密码并保持更换、及时升级防火墙和杀毒工具以及不点击可疑链接等。当这些防护措施确实抵御了潜在风险时,个体会认为危险已经远离或者消失,从而达到了行动的目的。除过理性的应对模式之外,个体为降低信息安全威胁造成的情感失衡,也会采取 EFC 来应对威胁。EFC 是指个体在没有采取任何实质性行动来抵御风险威胁的情况下,通过制造虚假的心理认识,减轻或消除潜在威胁对自己情绪与心态的负面影响。EFC 有许多表现形式,如宗教信仰(认为上天或者信仰的神会帮助)、宿命论(放弃行动并接受现状)、否定(认为威胁并不存在)以及无助(自责与无奈的情绪)等,如"上天保佑这些网络攻击不会发生在我身上""我要忘掉网络威胁的存在""我不认为我正在面临网络威胁""使用电脑的人这么多,轮到我被勒索软件攻击的概率很小"等(Herath et al., 2009)。

在理论检验方面,Liang 等(2010)以在校学生为样本,采用实证方法对技术威胁规避理论进行了检验,主要关注个人计算机用户避免间谍软件威胁的行为。结果表明,当用户认为恶意的 IT 病毒很有可能去攻击他们的电脑(感知易发生性)和被攻击将造成严重的后果时(感知严重性),他们会建立起对 IT 威胁的感知,同时当用户认为防护措施足够有效且不必付出过多成本，他们也有自信去实施（自我效能）时，他们会更积极地采取安全措施。Herath 等（2014）应用技术威胁规避理论解释了影响个人用户使用电子邮件验证服务（防止钓鱼邮件与恶意邮件）的影响因素，王念新等（2018）基于技术威胁规避理论，建立了信息安全风险通过感知威胁影响信息安全应对行为的研究模型。检验结果表明，技术威胁规避理论在解释个体用户信息安全行为方面具有很好的适用性。在本书的研究背景下，信息安全政策中详细规定了员工防护组织信息资产安全以及避免 IT 威胁的措施，因此员工的信息安全遵从行为就可以视为在工作场景下的技术威胁规避行为。通过加入上下级关系与组织承诺，本书应用了技术威胁规避理论来解释政府工作人员的信息安全遵从行为。

2.4　遵从理论与组织控制理论

遵从理论（compliance theory）按照管理者使用的控制手段的类型与员工承诺的类型将组织进行分类（Lunenburg，2012），从社会心理学的角度深化了对员工遵从行为的理解（Etzioni，1975）。该理论认为，组织中的遵从是上下级双方共同作用的结果：一方是行使权力或控制手段的上级，控制手段包括奖励与惩罚等；另一方是隶属于这种权力的下属，对组织的控制报以或高或低的承诺。因此，员工的遵从行为不仅取决于具体的控制手段（奖励或者惩罚），使用控制手段的上级以及员工自身的承诺也会产生关键的影响。值得指出的是，原理论中使用“involvement”来指代员工对组织心理认同的程度（Etzioni，1975；刘小平，2012），“commitment”代表积极的心理认同，而“alienation”代表消极的心理认同。“involvement”作为一个中性表达，同时包含了“commitment”与“alienation”所指代的类型。鉴于一系列文献都认为 Etzioni（1975）关于心理认同的理念是对组织承诺最早的概念分类尝试，而且他给出的定义——员工与组织在心理上联结在一起以及这种联结增强或者减弱的过程,与组织承诺的本质内涵是一致的,因此,本章统一使用“承诺”来指代遵从理论中的心理认同。

Etzioni从结构化和动机化的视角给出了遵从的定义:遵从是行使控制权力来控制下属的上级,以及下属对这种控制权力的心理回应所共同构成的关系。结构化的视角在于该理论考虑了组织中所存在和使用的不同的控制手段,动机化的视角在于该理论考虑了员工对组织所产生的不同程度和不同类型的承诺。埃齐奥尼指出,为了确保员工的遵从行为,组织管理者通常使用三种类型的控制手段:惩罚型、奖励型与规范型。惩罚型控制主要依赖于处罚措施(大棒)来确保员工遵从和威慑不遵从行为(Chen et al., 2012);奖励型控制主要通过经济上的收益(胡萝卜)包括工资、奖金与福利等激励员工遵从;规范型控制则是强调利用组织中积极的价值观念与塑造员工责任感等非正式手段来促进员工的遵从。埃齐奥尼认为组织中存在两种规范型控制手段:一种是基于象征意味的、无形的控制手段,例如领导者的声誉和威望等;另一种则是社会影响,例如课堂上良好的学习氛围可以影响一个分心的学生,在企业中普遍认可并广泛践行的规范压力会纠正员工的偏差行为。因此,本书选取了中国组织正式制度的非正式补充——上下级关系、社会规范理论中的主观规范、示范性规范和指令性规范作为中国政企组织中非正式控制的手段,也就是埃齐奥尼在奖励和惩罚之外所指的规范型控制,或者说是一种非正式的社会影响。

与控制手段相对应,Etzioni将员工对组织的承诺类型也划分为三种:疏离型、计较型与道德型(刘小平,2012),分别代表低水平的组织承诺(不满与负面的感受)、中等水平的组织承诺(轻微的积极程度)以及高水平的组织承诺(强烈的积极程度)(Drummond, 1993)。疏离型承诺代表着与组织离心离德甚至心存敌意,也就是“只考虑自己的收益,组织的利益与我无关”。计较型承诺代表与组织进行的是公平交易和等价交换,也就是“我根据组织发的工资多少来决定干多少活”。道德型承诺是指对组织无私奉献、认同无二,也就是“我愿意为组织付出和奉献”。将三种控制手段与三种承诺结合起来，就可以得到 9 种类型的遵从关系，如表 2-2 所示。其中对角线上的三对关系(1,5 和 9)代表最适宜的组合，是组织中最常见的三种遵从关系的类型，同时也被认为是最有效的三种类型(Drummond，1993)。

从组织控制(organizational control)的视角来看(Liang et al.，2013)，Etzioni 提出的惩罚型与奖励型管理方式属于正式控制手段，而规范型控制则属于非正式控制手段。组织控制是组织管理者为了达成组织目标，通过管理员工行为而实行的一系列控制行动，主要包括正式控制与非正式控制两种类型(吕鸿江 等，2020)。所谓正式控制，是指通过章程化的要求和制度来明确组织期望的行为并通过奖励与惩罚来约束员工行为(Boss et al.，2009)。非正式控制是指使用非书面化与章程化的组织价值观与社会规范来促进遵从行为(Das et al.，1998)。如表 2-2 所示，Etzioni 针对不同程度的承诺类型提出了推荐的控制手段，也就是所谓的适宜组合(1，5，9)，并认为对角线的这三种遵从关系比其他六种更为有效。埃齐奥尼的研究结论表明，组织管理中控制手段的使用应该基于员工认可与依附组织的程度(疏离型代表低，计较型代表中，道德型代表高)，也就是指组织控制的有效性取决于组织承诺水平的高低。由此可见，遵从理论为组织承诺在组织控制框架下的调节作用提供了有力的理论支撑。

表 2-2　遵从关系类型的划分

控制的类型	承诺的类型		
	疏离型(低)	计较型(中)	道德型(高)
惩罚型(正式控制)	1	2	3
奖励型(正式控制)	4	5	6
规范型(非正式控制)	7	8	9

在实践中，虽然多数组织会同时使用惩罚型、奖励型与规范型的控制手段，但是依赖和侧重某种手段的程度各有不同。在不同的组织环境下，正式控制与非正式控制手段的作用与影响也可能会有很大差异，两

者经常同时存在,也可以相互替代(吕鸿江 等,2020)。正式控制可以进一步划分为结果控制和行为控制,非正式控制则可分为氏族控制与自我控制。参考 Tuuli 等(2009)的研究,表 2-3 进一步阐释了正式控制与非正式控制的分类以及区别。结果控制是根据产出结果或者行为结果来评估被控制者的正式控制方式,关注的是工作目标是否达成(Choudhury et al., 2003);行为控制的评估依据则是被控制者在完成任务过程中是否遵循了既定的流程和步骤,关注的是工作过程(Kirsch, 1997);氏族控制强调让组织成员接纳相似的价值观并接受共同的规范信念,采纳协商一致的解决办法以达成组织目标(Kirsch et al., 2010);自我控制则是允许被控制者设定自己的目标与准则,自主管理自己的行为并自行奖励或者处罚自己的非正式控制方式(Kirsch et al., 1996)。

Kirsch 等(2013)的研究还提出了这四种控制方式所适用的组织情景:当员工的产出结果与行为结果是可观测的,就可以使用结果控制的方法,例如员工的工作失误导致了组织重要信息的泄露,组织观测到信息泄露这一行为结果后,对员工进行处罚就属于结果控制的范畴;当员工的行为可以被监测或者检查到时,就可以使用行为控制的方法,例如某组织的信息监控系统可以看到员工在工作台的操作情况,如果通过监控录像发现员工跳过了既定的重要流程,对此进行处罚就属于行为控制的范畴;当员工的行为是可观测的,同时组织的监管能力有限时,可以采用氏族控制的方法。例如某组织并没有足够的管理资源,因此着重在团队塑造良好的氛围,弘扬拼搏向上的价值观,这样激励员工的方式就属于氏族控制。当员工的行为较难观测,但是其产出结果可观测时,可以使用自我控制的手段。例如,在研发型组织中,组织管理者会给予员工充分的自主控制权力,从而试图激发员工创造力的方式就属于自我控制的范畴。

表 2-3 正式控制与非正式控制的分类与区别

分类	正式控制		非正式控制	
	结果控制	行为控制	氏族控制	自我控制
关注重点	绩效与结果	行为	价值观与信念	自我调整
控制方式	制度与监控	制度与监控	相近的价值观	自我监督
推荐场景	工作产出或者行为结果是可观测的	行为可观测	行为可观测，管理资源有限	工作产出或行为结果可观测，行为不可观测
现实举例	处罚不慎泄露组织的资料的员工	根据系统监控记录，处罚没有按照既定流程操作的员工	同事行为的压力和组织中的价值观念促使员工遵规守纪	自我价值实现的内在动机让员工高度自律

然而，持续发生的信息安全事件已经证明，单纯依赖自我控制已经很难规范员工的信息安全行为(Peace et al.，2003)，如果没有应用强制且有效的控制手段，信息安全政策中所规定的要求将很难在组织中真正实现(Liang et al.，2013)。参考以往的研究(Liu，2015)，在信息系统的情景下，基于行为的正式控制往往会失效，而基于结果的正式控制是有效的。同样的情景下，非正式控制中自我控制的方式往往会失效，但是氏族控制是有效的。行为控制适用于流程化的组织情景，自我控制则是适合创新性与创造性的行为与活动(Liu，2015)。对本书所关注的信息安全遵从行为而言，处于机械与灵活之间的、更为均衡的结果控制与氏族控制更适用于信息安全遵从行为的情景。因此，本书主要专注基于结果的正式控制以及基于氏族控制(基于观念与价值观)的非正式控制手段。

2.5 本章小结

在本章中，重点阐述了本书的主要理论基础，包括总体国家安全观、社会交换理论、技术威胁规避理论、遵从理论与组织控制理论等，不但夯实了后续研究模型与假设提出的依据，也系统论述了压电式信息安全管理的底层理论框架。非传统安全是国家安全的重要支撑,信息安全是非传统安全的重要组成,对当代国家安全及其各个方面具有广泛而深刻的影响,已经成为国家安全中最突出和最核心的问题之一。同时,作为压电式信息安全管理模型的核心要素,信息安全行为与组织的安全管理效能直接相关。社会交换理论、技术威胁规避理论、遵从理论与组织控制理论为本书重点关注的政企员工信息安全行为研究奠定了基础。

第3章　文献综述

3.1　压电理论在信息安全管理领域的应用研究

在压电理论提出的百年历程中，压电理论已成为电介质物理学、静电学、弹性力学、实验力学等多学科交叉研究的前沿课题，广泛应用于电介质材料性能改进、基于数据库的压电材料设计、生物传感器构建、机械设计等诸多领域。新加坡学者江明灶(2018)首次将这一理论移植到企业信息安全风险管理领域，通过压电理论的隐喻，根据企业信息安全的任务、运作机制等，构筑了以压电理论为核心的响应式安全体系。江明灶(2018)指出，信息风险管理的常见目标是确保对信息和信息系统机密性、完整性和可用性的充分保护，这些信息和信息系统对业务顺利进展是关键的和必要的。当前，学界一致认为对信息风险管理的认识和实践已经落后于其他管理学科，往往不足以支持该领域的从业者需求，亟须理论和实践层面的双重革新。

压电理论指出，如果组织系统中的信息安全实践设计使系统能够重新调整，在系统环境不断变化的风险条件下也能满足系统的整体需求，那么系统环境中新出现的风险状况带来的潜在负面影响将被重新调整所采取的行动措施平衡或消除。受益于组织系统中的响应行为，环境中突发或新涌现的风险所造成的后果可能会对组织系统产生比较小的负面影响。影响的严重性与安全准备程度和组织的响应能力呈负相关关系。准备就绪就是指组织能做好准备重新调整其行为，并且能够及时地、系统地采取适当行动来平衡不断变化的风险环境所带来的负面影响。

当前,压电理论在信息安全管理领域已经得到了一系列应用。刘晨晖等(2021)对美国司法部发布的《网络安全事件受害者响应与报告的最佳实践》(以下简称《最佳实践》)进行文本分析,从事前、事中和事后三个阶段解读了美国的应急响应实践经验,并结合压电理论中变化事件、态势感知与关键性对齐的视角,构建了适用中国企业的应急响应体系。胡峰(2021)运用压电理论,基于态势感知、危机响应与关键对齐的三大核心要素,构建了包括黑箱阶段的事前监测预警、灰箱阶段的事中响应处置、白箱阶段的事后反馈总结的政府数据安全治理体系基本框架。王秉等(2023)结合安全管理全生命周期理论,构建了压电安全管理模型,结果表明压电安全管理兼备常态安全管理和非常态安全管理两种安全管理模式,涵盖安全风险防控、应急响应和调整优化三种安全管理行为。此外,冉从敬等(2024)从数据主权视角出发,构建了覆盖重要数据全生命周期、多主体参与的基于压电理论的重要数据治理体系,提出事前监测、事中响应、事后反馈的重要数据闭环治理链路。总体来看,当前聚焦政企信息安全管理体系的研究还比较零散和缺乏,而基于自然科学视角进行跨学科研究的成果更为鲜见,凸显了基于压电理论构建政企信息安全管理体系的研究间隙。

3.2 社会交换视角下的信息安全行为研究

目前,基于社会交换理论的信息安全遵从研究主要集中在探究组织承诺以及工作满意度对员工信息安全行为的影响,如表 3-1 所示。正如上文所论述,组织承诺的形成建立在员工与组织社会交换行为的基础上,根据社会交换的互惠原则,员工对组织的承诺会驱使员工考虑和保护组织的利益,例如遵守组织的信息安全政策来避免可能的损失,以此作为对组织给予自己恩惠(奖励、肯定、晋升和其他发展机会等)的交换。Guan 等(2020)检验了组织承诺的三个维度:情感、规范与持续承诺,结果发现这三个维度都会显著抑制员工的信息安全不遵从行为。

Aurigemma 等(2015)验证了组织承诺的情感性维度对员工信息安全遵从意愿的显著影响，Liu 等(2022)、Hwang 等(2018)、Herath 等(2009)以及 Stanton 等(2003)的研究都发现组织承诺可以显著预测员工的信息安全行为或意愿，Posey 等(2015)重点探究了组织承诺的调节作用。他们指出，组织承诺是将组织层面的信息安全威胁转化到个人层面的重要变量。换言之，组织承诺的水平越高，员工就越倾向于将组织层面的威胁转化到个人层面，也会对安全威胁更加敏感和认真。

表 3-1　社会交换视角下的信息安全遵从研究

作者	主要研究变量	主要研究结论
Liu 等(2022)	组织承诺	组织承诺对员工的信息安全遵从行为有显著的正向影响
Guan 等(2020)	情感承诺 规范承诺 持续承诺	情感承诺、规范承诺与持续承诺都可以显著抑制员工的信息安全不遵从意愿
Hwang 等(2018)	组织承诺	组织承诺对员工的信息安全遵从意愿有显著影响
Aurigemma 等(2015)	情感承诺	组织承诺的情感性维度对员工的信息安全遵从意愿有显著的正向影响
The 等(2015)	工作满意度	工作满意度的影响是不显著的
Posey 等(2015)	组织承诺	组织承诺在保护动机理论的一系列变量与信息安全保护动机/行为之间，有显著的调节作用
D'Arcy 等(2014)	工作满意度	工作满意度对员工的信息安全遵从意愿有显著的正向预测作用
Herath 等(2009)	组织承诺	组织承诺对员工的信息安全遵从意愿有显著影响
Stanton 等(2003)	组织承诺	组织承诺可以预测一系列信息安全相关的行为

相似地，从社会交换的视角来看，当员工很满意当前工作的状态，比如工资福利、工作氛围、组织给予的支持以及与上级的关系时，他们会以对组织有益的行为(例如信息安全遵从)作为交换，工作的满意程度也就会正向影响员工的信息安全遵从意愿。然而，值得指出的是，尽管 D'Arcy等(2014)发现工作满意度对员工的信息安全遵从意愿有显著的正向预测作用，The 等(2015)的研究却发现工作满意度的影响是不显著

的。其背后的原因可能是工作满意的内涵较为宽泛,包括来自组织的支持、薪水、福利、组织氛围、与同事的关系以及与上级的关系等,因此很难确定真正发挥作用或者失效的是哪一个部分。因此,如果可以进一步细分工作满意度的构成因素,例如探讨组织环境、同事关系以及上下级关系的影响,就会有助于进一步了解员工的信息安全遵从行为。

3.3 正式控制视角下的信息安全行为研究

为了保证员工的信息安全遵从,不同类型的组织控制手段得到了广泛应用,鉴于奖励与惩罚是目前最流行的组织控制策略,本节将聚焦于正式控制(奖励与惩罚)在信息安全遵从情景下的研究。值得指出的是,正式控制可以进一步细分为基于结果的正式控制与基于行为的正式控制,由于基于行为的正式控制需要一定的前置条件(例如需要配备有监控功能的信息系统),且引起过侵犯员工隐私的争议(Ahmad et al., 2019),因此本节主要聚焦基于结果控制的正式控制研究。

表 3-2 列出了近年来关注奖励与惩罚对信息安全遵从影响的主要研究。可以看出,该领域大多数的实证研究都主要基于心理学、犯罪学以及社会学等领域的成熟理论(Chen et al., 2018),包括计划行为理论、一般威慑理论、保护动机理论与理性选择理论等。作为信息安全领域应用最广泛的理论之一,一般威慑理论认为,违规行为可以被惩罚的威慑效果所纠正(D'Arcy et al., 2011)。尽管有很多文献都探讨了正式控制中的惩罚对信息安全遵从的影响,但是研究结论是不一致甚至矛盾的。与一般威慑理论的预测相同,很多研究都验证了惩罚对信息安全遵从有显著的正向影响(Chen et al., 2012; Liang et al., 2013; Wang et al., 2021),但是也有研究并没有发现惩罚的显著作用(Trang et al., 2021;Moody et al., 2018;Chen et al., 2018),Herath 等(2009)甚至发现惩罚严重性对信息安全遵从有显著的负向影响。类似地,在探究奖励对信息安全遵从作用效果的研究中,也得到了不一致的研究结论。

Chen 等(2012)、陈昊等(2016)和 Bulgurcu 等(2010)验证了奖励对信息安全遵从的正向影响,也有一些研究发现奖励对员工遵从的影响是不显著的(Chen et al., 2018)。这些不一致的,甚至有时矛盾的研究结论的存在,意味着正式控制手段对信息安全遵从的影响仍然需要进一步探究(D'Arcy et al., 2012)。D'Arcy 等(2011)指出,惩罚的威慑效果是因人而异的,因此当前的信息安全行为研究应在正式控制与遵从行为之间寻找更多的调节变量,以往研究得到的不一致的结论,也正是因为忽略了某些关键的调节变量。

表 3-2　正式控制视角下的信息安全遵从研究

作者	奖励的影响	惩罚的影响	调节效应	理论基础
Wang 等(2021)	没有研究	惩罚对信息安全遵从的影响是显著的	没有研究	一般威慑理论 道德领导理论
Trang 等(2021)	没有研究	惩罚对信息安全不遵从行为的影响是不显著的	没有研究	一般威慑理论 压力交互理论
Merhi 等(2019)	没有研究	惩罚对信息安全违规有显著的间接影响	没有研究	一般威慑理论 计划行为理论
Chen 等(2018a)	奖励对信息安全遵从的影响是不显著的	惩罚对信息安全遵从的影响是不显著的	没有研究	意识-动机-能力框架
Chen 等(2018b)	没有研究	加入控制变量后,惩罚对信息安全遵从的影响不显著	研究假设的调节效应都不显著	一般威慑理论
Li 等(2018)	没有研究	惩罚对信息安全遵从的影响边缘显著	研究假设的调节效应都不显著	理性选择理论
Moody 等(2018)	没有研究	惩罚对信息安全遵从的影响是不显著的	没有研究	理性选择理论等 11 个理论

续表

作者	奖励的影响	惩罚的影响	调节效应	理论基础
Foth 等(2016)	没有研究	惩罚对信息安全遵从的影响是不显著的	研究假设的调节效应都不显著	计划行为理论 一般威慑理论
陈昊等(2016)	奖励对信息安全遵从的影响是显著的	惩罚对信息安全遵从的影响是显著的	面子倾向在奖惩与遵从意愿之间起到调节作用	一般威慑理论 面子需求理论
Johnston 等(2015)	没有研究	惩罚对信息安全遵从的影响是不显著的	没有研究	一般威慑理论 保护动机理论
Siponen 等(2014)	奖励对信息安全遵从的影响是不显著的	没有研究	没有研究	一般威慑理论
Liang 等(2013)	奖励对信息安全遵从的影响是不显著的	惩罚对信息安全遵从的影响是显著的	促进焦点在奖励与遵从行为之间起到调节作用;预防焦点在惩罚与遵从行为之间起到调节作用	控制理论 调节聚焦理论
Chen 等(2012)	奖励对信息安全遵从的影响是显著的	惩罚对信息安全遵从的影响是显著的	奖励在惩罚与信息安全遵从之间起到调节作用	理性选择理论
D'Arcy 等(2012)	没有研究	惩罚对信息安全误用的影响是显著的	员工职位在惩罚与信息安全误用之间起到调节作用	一般威慑理论
Son(2011)	没有研究	惩罚对信息安全遵从的影响是不显著的	没有研究	一般威慑理论
Bulgurcu 等(2010)	奖励可以间接影响信息安全遵从	惩罚对信息安全遵从的影响是不显著的	没有研究	计划行为理论 一般威慑理论

续表

作者	奖励的影响	惩罚的影响	调节效应	理论基础
Herath 等 (2009)	没有研究	惩罚对信息安全遵从的影响是显著的	没有研究	一般威慑理论 保护动机理论
D'Arcy 等 (2009)	没有研究	惩罚对信息安全误用的影响是显著的	道德承诺在惩罚与信息安全误用之间起到调节作用	一般威慑理论

表 3-2 列出了当前研究对相关调节变量的探索：当前并没有一致的、得到学术界公认的调节变量出现，大多数调节效应的尝试也是不显著的。基于控制理论与调节聚焦理论，Liang 等(2013)在强制性的 IT 背景之下，研究了调节焦点、奖惩预期以及遵从行为之间的关系，发现了调节焦点在奖惩期望和遵从行为之间显著的调节作用。调节聚焦理论指出人总是偏向于追逐幸福和规避痛苦，进而产生了两种不同的调节焦点：促进焦点与防御焦点。属于促进焦点的个人处于追求理想自我的状态，他们会努力实现个体的希望、目标和理想，同时对诸如成功、收获和奖励这样积极的成果更加关注和敏感。属于防御焦点的个人则处于追求责任自我的状态，他们会努力避免失败和错误，注重履行个人的责任和义务，对失败、损失和惩罚这样的负面后果更为敏感。对于那些总是避免失败、错误和损失的员工来说，惩罚预期会更有效果；只有当促进焦点属于高水平时，奖励预期对遵从行为才是显著的正向影响，也就是说促进焦点较高的员工才会有效地受到奖励预期的激励。陈昊等(2016)的研究发现了面子倾向在感知到的奖惩与遵从意愿之间的调节作用。Chen 等(2012)的研究则是发现惩罚对信息安全遵从的影响被奖励的效果所调节，不过该研究并没有拓展出新的调节变量。D'Arcy 等(2012)发现，员工职位在感知到的惩罚与信息安全误用之间起到调节作用，D'Arcy等(2009)则指出，道德承诺在惩罚与信息安全误用之间起到调节作用。虽然信息安全不遵从行为以及信息安全误用并不是本书的主

题,但可以从侧面反映信息安全遵从的程度,仍然可以作为奖励与惩罚机制的作用效果参考。

3.4 非正式控制视角下的信息安全行为研究

参照遵从理论对控制手段的分类与定义(见2.3节),非正式控制手段主要基于非书面化与章程化的组织价值观与社会规范。在信息安全的情景下,本书所指的非正式控制是由社会规范形成的一种可以影响员工信息安全遵从行为的非成文的控制机制。社会规范是指个体通过社会化(直接或间接地与他人交流和互动)学习与感知到的显性或非显性的规则与标准,这些规则与标准通过社会惩戒的非正式力量而不是法律的强制性力量来规范个人行为(Cialdini et al., 1998)。根据社会规范理论(Yazdanmehr et al., 2016),社会规范可以划分为三种类型:示范性规范(descriptive norms)、指令性规范(injunctive norms)、主观规范(subjective norms)。

示范性规范是在特定的情境下,个体对周围其他人如何行动的感知。例如,在电影院或者剧场演出结束后,人们通常会在周边人群的带动下起立鼓掌和欢呼。示范性规范帮助个体在相似的情境下确定了何为合适行为的认知,在观察到其他人有类似行为之后,个体会因为足够的社会支持感而采取相同或相似的行动。指令性规范是个体对特定的行为感知到的组织成员所普遍认为的、应该怎么做的道德准则。这些特定的行为经常会得到组织其他成员或者社会的认可与支持,体现了个体与他人建立、发展和维持社会关系以获得资源和社会支持的倾向。主观规范是指在特定的情境下,个体认为对他(她)重要的人所期望他(她)的做法。与指令性规范相似的是,主观规范对行为的驱动力也是获取认可与支持的社会需求,区别在于主观规范强调的是重要人群,指令性规范是指一般人群。

表3-3呈现了非正式控制视角下的相关实证研究。Yazdanmehr

等(2020)在信息安全遵从的背景下,验证了社会影响的调节作用,此处社会影响的本质就是社会规范的概念。他们将社会影响划分为组织层面(遵纪氛围)和个人层面(人际影响易感性)。遵纪氛围是指员工感知到的整个组织遵规守纪的程度,良好的遵纪氛围会形成强有力的规范信念并传递给员工积极的信号:遵从信息安全政策是组织所期望和认可的行为。人际影响易感性衡量了员工易于被人际互动以及组织中的他人行为影响的程度,属于社会影响在个人特质(personal traits)层面的表达。研究结果表明,组织层面和个人层面的社会影响的调节作用都是显著的,都减弱了正式控制与自我控制手段对信息安全遵从的作用。Cheng 等(2013)将社会压力(social pressure)视为组织使用的非正式控制手段,认为社会压力包括了主观规范(subjective norm)与同事行为(co-worker behavior),研究结果也证明了两者都会显著地影响员工的信息安全行为。Johnston 等(2010)验证了社会影响对信息安全遵从行为的显著预测作用,他们认为个体的行为会受到周边重要的人的意志和观念的影响。Herath 等(2009)的研究也发现,主观规范与描述性规范对员工信息安全遵从意愿有正向的促进作用。他们认为社会影响由“他人认为应该这样做”和“他人都这样做”两部分组成,分别对应主观规范与描述性规范的内涵。Grimes 等(2019)、Kaushik 等(2018)和Ifinedo(2012)都验证了主观规范对信息安全行为的显著作用,不过Zhang 等(2009)的研究并没有发现两者之间的显著关系,原因可能是组织中形成了不良的使用习惯,抑或是因为所调研的员工普遍有较长的工作经历,可能会延续以往不良的信息系统操作习惯。此外,Siponen 等(2014)、Bulgurcu 等(2010)发现规范信念(normative beliefs)对信息安全行为有正向的预测作用,其内涵与社会规范是十分近似的。Yazdanmehr 等(2016)的研究则将社会规范划分为主观、示范性与指令性规范,分别指代领导对信息安全行为的看法、周围同事的信息安全行为以及周围同事对信息安全行为的看法,结果发现描述性规范没有显著影响,但是指令性规范与主观规范对信息安全遵从行为有显著的促进作用。总之,社会规范对信息安全遵从的影响在众多实证研究中都得到了验证,虽然不同学者使用了不同的概念称谓,但是其本质内涵是一致的,为本书将社会规范选择为组织重要的非正式控制手段提供了有力支撑。

表 3-3 非正式控制视角下的信息安全遵从研究

作者	主要研究变量	内涵	主要研究结论
Yazdanmehr 等(2020)	遵纪氛围	员工对组织中遵规守纪氛围的感知,属于组织层面社会影响因素	两种社会影响因素都会减弱组织的正式控制以及自我控制对信息安全遵从行为的影响
	人际影响易感性	员工被人际互动与他人行为影响的程度,属于个人层面社会影响因素	
Grimes 等(2019)	安全主观规范	个体进行安全行为决策时感知到的社会压力	安全主观规范对信息安全行为意愿有显著的正向影响
Kaushik 等(2018)	主观规范	一个人感知到的是否应该做某事的社会规范压力	主观规范对信息安全行为意愿有显著的正向影响
Yazdanmehr 等(2016)	主观规范	在特定的情境下,个体认为对他重要的人期望他的做法	指令性规范和主观规范都对信息安全遵从行为有显著的促进作用,描述性规范没有显著的影响
	示范性规范	在特定的情境下,个人感知到的他人的做法	
	指令性规范	对特定的行为,个体感知到的组织普遍认为应该怎么做的道德准则	
Siponen 等(2014)	规范信念	个体周围同事与上级的影响	规范信念对员工的信息安全遵从意愿有着显著的正向影响
Cheng 等(2013)	主观规范	进行行为决策时,感知到的来自周围重要的人的压力以及组织期望	主观规范和同事行为都对员工的信息安全行为有显著的正向影响
	同事行为	周围同事的信息安全行为	

续表

作者	主要研究变量	内涵	主要研究结论
Ifinedo (2012)	主观规范	个体遵循特定行为的信念、动机与原因，主要形成和来源于对他人行为的观察	主观规范对信息安全遵从意愿的影响是显著的
Johnston 等 (2010)	社会影响	重要人物的意志和观念对个体行为的影响程度	社会影响对个体的信息安全行为意愿有着显著的促进作用
Bulgurcu 等 (2010)	规范信念	员工感知到的需要遵从信息安全政策的社会压力，主要源自周围重要的人对自己的行为期望，包括高层管理、同事和上级等	规范信念对信息安全遵从行为意愿的影响是显著的
Herath 等 (2009)	主观规范	做或者不做某事时，个体感知到的来自重要人物的压力	主观规范与示范性规范对信息安全遵从意愿有显著的正向影响
	示范性规范	个体所认为的周边的人正在做某事的程度	
Zhang 等 (2009)	主观规范	个体在决定做不做某事时感知到的社会压力	主观规范对信息安全行为意愿没有显著的影响

3.5 文献述评与本章小结

纵观社会交换视角下的信息安全遵从研究，主要聚焦于组织承诺与工作满意度的影响，同样是基于社会交换行为的上下级关系，在信息安全遵从领域却尚未有文献涉及。同时，从表 3 - 2 可以看出，当前的研究主要基于成熟的经典理论，鲜有研究应用中国本土的理论或构念。目前，已经有学者呼吁在中国的组织情境中应用更多的中国本土理论，并提出应当重视关系在信息系统管理实践中的作用（Davison et al.，2018；梁潇杰 等，2019）。在现有研究中，工作满意度对信息安全行为的作用效果存在不同的结论。考虑到员工与上级的关系是工作满意度的重要组成部分,探究上下级关系的作用不仅可以进一步明晰工作满意度的影响机理,还可以在中国情境下更深入地理解员工遵从行为。此外,由表 3 - 1 可知,关于组织承诺对遵从行为的影响探索主要集中在直接作用,缺乏调节作用的深入检验。

正式控制(奖励与惩罚)视角下的信息安全遵从已经得到越来越多的关注和研究,并产生了一系列丰富的但又存在相互矛盾甚至相反结论的研究结论。结论的差异表明,惩罚机制对员工信息安全的威慑作用并不是一直有效的,它很大程度上取决于研究情景以及员工的个人特质。正如上文所指出的,当前检验奖惩机制影响的研究得出相反的结论,很可能是缺少调节变量的结果,因此,探究新的调节变量对深入理解奖励与惩罚对员工的影响可以有效填补当前的文献间隙。由表 3 - 1 可知,Posey 等(2015)在保护动机理论的框架下将组织承诺作为调节变量进行研究,指出组织承诺是信息安全威胁转化到个人层面的关键因素,并呼吁更多的研究检验组织承诺在信息安全行为情境下的调节作用。此外,鉴于上下级关系会影响组织中的奖励分配与员工升迁(Law et al., 2000),上下级关系在控制机制中的调节作用也值得进一步探究。因此,组织承诺与上下级关系在奖惩机制与遵从行为中的调节作用也是当前研究中的一大间隙。

对于非正式控制视角下的研究,现有文献已经验证了社会规范理论中的指令性规范、示范性规范和主观规范对信息安全遵从行为的显著作用。从表 3 - 3 可以看出,大多数研究将社会规范的影响用社会影响、主观规范或者规范信念指代,只有 Yazdanmehr 等(2016)将社会规范细分为了主观、示范性与指令性三个维度进行研究。从研究构念的内涵可以看出,目前大多数的研究在测度社会规范时,是将上级与同事混合在一起的,因此很难判断这两类群体的看法或行为对信息安全遵从影响程度的差异。因此,本书参照 Yazdanmehr 等(2016)的测度方法,选择了示范性规范、指令性规范以及主观规范作为非正式控制的手段,并检验其作用效果的差异。值得指出的是，对比性的研究在信息安全遵从领域正处于起步阶段，已有的少数研究主要集中在性别与文化差异的比较，对政府与企业差异的研究尚处空白。政企差异的对比研究有助于推行差异化的、更具针对性的信息安全管理，因为正式控制手段与非正式控制手段在政府和企业中的作用效果往往大相径庭，企业样本中得出的管理实践启示在组织环境迥然不同的政府中很可能失效，反之亦然。正式控制手段在企业组织中占据主要地位，但是在政府部门中的应用却并不深入，因此本书将政府划分为弱正式环境，将具备正式信息安全政策的企业划分为强控制环境，从社会交换与组织控制的角度入手研究政府工作人员与企业员工的信息安全遵从行为。

综上所述，本书试图填补以下四点空隙：第一，在政府的组织环境下应用中国本土化构念——上下级关系，探讨上下级关系与组织承诺对员工信息安全遵从行为的影响机制。第二，在企业的组织环境中探究影响正式控制效果的重要调节变量，也就是组织承诺与上下级关系的间接作用。第三，在信息安全的背景下进行政府与企业的对比研究，探讨遵从行为前因变量的作用效果差异。第四，基于理论整合和实证研究构建政企部门的压电式信息安全管理体系。

第4章　信息安全行为:政府篇

4.1　政府篇研究背景

在大数据时代,鉴于持续存在的信息安全威胁,保护信息资产已经成为现代组织的关键任务。所谓的信息安全威胁,是指勒索软件、社会工程学攻击、垃圾邮件、网络钓鱼、木马软件这样的恶意软件,会对计算机以及IT基础设施造成恶劣影响,从而造成系统功能障碍和数据泄露等负面后果(Liang et al., 2009)。面对严峻的网络环境与不断涌现的网络攻击,很多政府部门都制定了一系列信息安全措施(例如及时更新杀毒软件、定期更换密码、离岗锁屏、禁用外网与个人电子设备等)来保护组织的信息资产安全。然而,不管是有意还是无意,信息安全政策遵从的情况并不乐观,员工的不遵从行为已经成为信息安全事故的主要诱因之一(Cram et al., 2019)。为了预防和避免信息安全问题,组织不仅要在技术层面提高安全等级,更关键的是要从员工遵从的角度入手解决与人相关的问题。尽管信息安全技术一直在更新和进步,但内部员工仍然是组织安全管理中最薄弱的环节。考虑到员工对组织更加熟悉并拥有系统权限,一旦发生问题,内部员工可能比外部威胁更加危险(Hu et al., 2012)。因此,对政府部门而言,解决内部人员的IT威胁问题刻不容缓,针对政府工作人员的信息安全遵从行为研究有很强的现实意义。

现有的相关研究一直致力于寻找激励政府工作人员信息安全遵从的关键因素(Liu et al., 2020)。鉴于信息安全遵从的最终目的是为了避免信息安全威胁,本章选择了解释信息安全威胁规避行为的技术威胁规避理论作为理论框架。在以往的研究中,技术威胁规避理论主要应用于个人层面的信息安全行为场景(Liang et al., 2010),当研究背景切换到中国政府组织的工作环境时,就需要建立一个融合中国文化因素与组织因素的整合模型(Liu et al., 2020)。因此,本章从两个方面拓展了技术威胁规避理论:考虑了上下级关系与组织承诺的影响。响应先前学者的建议(Davison et al., 2018),本章将上下级关系加入了技术威胁规避理论的框架来解释员工的信息安全遵从行为。关系是中国的本土构念,描述了一种强调互惠交换的人际关系网络,并依赖于长期高质量的互动(Bian, 1997; Ou et al., 2014)。上下级关系是指下属与其主管基于互惠原则建立的非正式的社会交换关系(Zhang et al., 2014)。在组织中,员工为了完成任务会被嵌入到各种关系网络中,而员工与主管之间的关系一直是这些网络中重要的纽带(Zhang et al., 2015)。有学者指出,与上级管理者的关系对员工而言意义深远,良好的关系会显著促进员工的组织公民行为(Hui et al., 2004)。作为正式制度重要补充的非正式控制手段(Xin et al., 1996),上下级关系在企业的信息系统管理中扮演着不可或缺的角色(Davison et al., 2013)。因此,上下级关系很有可能在政府组织的环境下显著影响信息安全遵从行为。

在中国的社会关系中,工作中的合规行为以及情感性的组织承诺都可以视为员工对管理者的回报(Zhang et al., 2015)。组织承诺作为一种反映员工对组织认同和参与程度的态度(Mowday et al., 1979),在心理学和组织行为学等领域得到了十分广泛的研究。在中国环境下,领导者是组织的代表,高质量的上下级关系可以促进员工对组织的认同感和忠诚度。与上级建立良好的关系会提高下属的情感性组织承诺,因为他们会从这种良好的个人关系中获益,会更满意组织的现状,从而对组织更加忠诚(Cheung et al., 2009)。此外,先前的研究也证实了组织承诺与员工的信息安全遵从是正相关的(Herath et al., 2009)。结合这两种路径关系(上下级关系到组织承诺、组织承诺到遵从行为),有理由认为组织承诺中介了上下级关系对信息安全遵从行为的影响。此外,Posey

等(2015)的研究发现,情感性组织承诺是将个人层面感知到的信息安全威胁转化到组织层面的重要"缺失变量",进一步探讨组织承诺如何让中国员工对组织的安全威胁更加敏感,也就是组织承诺的调节作用,具有很强的理论意义和实践价值。

4.2 政府篇研究假设与研究模型

4.2.1 上下级关系与信息安全遵从行为

鉴于中国特殊的文化背景,无论是日常生活还是工作场合,中国人非常重视"关系"(Yang et al., 2011),这根植于中国传统文化和儒家价值观。儒家思想在中国传统文化和现代中国社会中发挥着至关重要的作用,根据儒家价值观,一个人的存在依赖于组织的成员身份,"关系"被视为强调团体关系的儒家思想中最具影响力的元素之一,它对中国员工的心态、价值观和行为产生了关键的影响(Nie et al., 2015)。改革开放之后,尽管中国组织引入了西方的管理理论与思想,关系仍然与员工的价值观交织在一起,并在中国组织中盛行(Chen et al.,2004)。上下级关系作为上司与下属之间非正式的、促进人情交换的私人联结(Miao et al., 2020),被认为是影响组织运作与员工行为的关键变量(Liu et al., 2013)。同样是根植于互惠原则的社会交换理论,西方情景下的领导成员交换(leader member exchange, LMX)理论认为,由于管理者的精力与时间有限,在工作中会区分下属的类型并将其归入不同的"圈子",不同的"圈子"会采取不同的管理方式,因此形成了主管与下属之间不同质量与不同类型的人际关系(苏伟琳 等, 2019)。那些与领导建立了高质量交换关系的下属可以得到更多的资源和回报,属于"圈内"人;与领导只有低质量交换关系的下属就是"圈外"人,管理者仅要求他们完成自身的工作职责,也只与其保持例行的交换关系(郭晓薇, 2011)。

基于社会交换理论和现有的实证研究证据,可以认为上下级关系与政府工作人员的信息安全遵从行为显著相关。例如，Liu 等(2013)发现上下级关系是组织公民行为的重要前因变量，Zhang 等(2013)的研究也验证了上下级关系对组织公民行为的促进作用。鉴于遵从行为可以视为组织公民行为的一个方面,因此上下级关系也很可能会对信息安全遵从行为产生正向的影响。值得注意的是,关系的核心是人情的往来和交换,工作场景下的上下级关系更是基于互惠原则的社会交换(Fryxell et al., 2004)。当员工与主管之间构建起高质量的关系并从中获益时(上下级关系可以影响管理者的决策,例如对下属的晋升决定与奖金分配),从社会交换的角度出发,他们会选择遵从信息安全政策的规定并积极保护组织的信息资产,从而回报上司给予的恩惠,这样他们之间的良好关系才能得以延续(Law et al., 2000)。因此,本章提出:

假设 1:上下级关系对政府工作人员的信息安全遵从行为有正向的影响。

4.2.2　组织承诺与信息安全遵从行为

作为组织行为学中的一个重要概念,组织承诺是指员工心理认同以及依附所在组织的程度(Mowday, 1998)。Meyer 等(1991)也指出组织承诺是一种稳定的心理约束力,对个体的行为有预测作用。Allen 等(1990)提出了组织承诺的三因素理论,也就是组织承诺的三维结构:情感承诺、持续承诺与规范承诺。情感承诺代表的是个人对组织的情感,是成员被卷入与认同组织的程度,情感承诺水平高的员工想要留在组织(want to do so);持续承诺是员工为了不失去在组织已有的岗位和考虑到离开的成本,从而继续留在组织中的承诺,持续承诺水平高的员工认为不得不或者需要留在组织(need to do so);规范承诺是由于员工对组织的责任感而留在组织的承诺,规范承诺水平高的员工认为应该留在组织(ought to do so)。其中,情感承诺是组织承诺的三维结构中最为广泛认可的概念(Gamble et al., 2008),它也正是本书所应用的组织承诺的维度。一般而言,组织承诺水平较高的员工任务的完成度也会越高

(Randall, 1987)。高承诺的员工执行不适当的计算机操作的可能性较小,特别是那些让组织资产处于风险状态的违规操作(Stanton et al., 2003)。先前的研究也表明,当员工对组织有更高的认可程度与依附程度时,就更有可能为组织的利益考虑(Chen et al., 2012)。鉴于组织承诺包含了对组织目标与价值观的认可,而信息安全政策本身就是组织目标的一种体现(保护组织的信息资产安全),高承诺的员工会更容易接纳信息安全的重要性,并将信息安全遵从视为必要的行为准则(Hwang et al., 2018)。Herath 等(2009)发现组织承诺对员工信息安全遵从有显著的正向作用, Guan 等(2020)的研究也证明了组织承诺对遵从行为的积极影响。因此,本章提出:

假设 2:组织承诺对政府工作人员的信息安全遵从行为有正向的影响。

4.2.3 组织承诺的中介作用

本章假设组织承诺中介了上下级关系对政府工作人员信息安全遵从行为的正向影响,其中上下级关系对组织承诺的促进作用可从三个方面论述。首先,一个高质量的上下级关系可以为员工带来多方面的利益与回报,包括更多的晋升机会和额外奖金的分配。从上下级关系中受益的员工往往会很满意他们的工作,从而对他们组织更加忠诚。其次,在高质量的上下级关系中,与上司之间长期的互动与交流会潜移默化地提升员工对组织的归属感,并提高组织承诺水平。最后,高质量的上下级关系有助于增强员工的自尊心,因为与其他没有上司特殊待遇的下属相比,他们往往认为自己是更重要的,因此会成为高度忠诚的员工。此外,先前的实证研究也提供了上下级关系促进组织承诺的证据。Hom 等(2011)证实了关系网络可以提高员工的留存率并增强他们的工作忠诚度, Hui 等(2004)的研究发现员工将组织承诺视为对他们上司的回报。与上级的情感联系有助于提升员工的情感承诺,为上下级关系对组织承诺的正向作用提供了有力支持。因此,根据假设 2 论述中组织承诺对信

息安全遵从行为的影响,结合这两种关系可以得到:

假设 3:组织承诺中介了上下级关系对政府工作人员信息安全遵从行为的正向影响。

4.2.4　组织承诺的调节作用

本章认为,在政府工作人员规避信息安全威胁的行为决策过程中(也就是决定遵从信息安全政策或不遵从信息安全政策,详细的评估决策过程见 2.1.2 节内容),组织承诺是关键的调节变量。换言之,组织承诺在感知威胁、感知有效性、感知成本与自我效能到信息安全遵从行为的路径中,起到重要的调节作用。

感知威胁是指个体将恶意网络攻击(例如恶意软件、黑客攻击等)视为风险和威胁的程度(Liang et al., 2010)。先前的研究已经证明,感知威胁是信息安全相关意愿和行为的重要决定因素(Herath et al., 2014)。Li 等(2010)指出,对组织有强烈认同感的员工倾向于将互联网滥用视为不道德和危险的行为。由于组织认同能够提升和促进作为组织成员的依恋感、归属感和自豪感,这些员工更有可能从组织的角度思考和行动(Liu et al., 2020)。也就是说,当员工表现出较高的组织承诺时,他(她)会对组织产生强烈的责任感和参与感,从而对可能危害组织的潜在安全风险更加关注。Posey 等(2015)的研究也发现,威胁严重性(感知威胁的一个重要前因变量)对低承诺员工信息安全保护动机的作用是不显著的,但是对高承诺员工的影响是显著的。威胁严重性同样对高承诺员工的信息安全保护行为有显著影响,但是对低承诺员工的影响不显著。与组织承诺水平较低的员工相比,高承诺的员工会对潜在的信息威胁和风险更加敏感。因此,本章提出:

假设 4:组织承诺增强了感知威胁对政府工作人员信息安全遵从行为的正向影响。

类似地,感知有效性是对信息安全政策有效性的评估,也就是员工认为在采纳规定的防护措施后,可以有效规避或者消除安全威胁的程度

(Liang et al.，2009)。目前，已经有学者证明了感知有效性对遵从行为的正向影响(Liang et al.，2010；Herath et al.，2009；Ifinedo，2012)。换言之，信息安全政策越能够有效保护组织不受恶意网络攻击事件的影响，员工就越有动力去遵从相关要求。Posey等(2015)认为，高承诺员工对潜在信息安全威胁的反应与低承诺员工是不同的，其中差异主要体现在应对评估过程中，如感知有效性。Herath等(2009)也指出，高承诺员工对自己行为的有效性有更高的感知和评估。因此，如果这些员工认为他们的安全行为会对组织的信息安全管理带来积极有效的影响，就更有可能遵从组织的要求来保护信息资产安全。此时，相较于组织承诺水平较低的员工，感知有效性就成为促进高承诺员工遵从行为的更强的驱动因素。综上，本章提出：

假设5：组织承诺增强了感知有效性对政府工作人员信息安全遵从行为的正向影响。

感知成本是指终端用户感知到的遵守信息安全政策需要付出的所有成本(例如时间、支出、精力和不便)(Liang et al.，2009)。执行信息安全政策中规定的要求可能会很费时，甚至还会降低工作效率，因此感知成本已经成为员工不遵从行为的重要原因(Han et al.，2017)。信息安全政策中的要求可能会比较复杂和烦琐，比如定期修改密码，更新杀毒软件可能会导致软件工作中断。当遵守行为所付出的成本越高时，员工服从的可能性就越小。不过，Tyler等(2005)强调，当组织与员工认可的规范信念及价值观趋同时，会让员工形成一种内在动力去遵守组织的规章制度，组织承诺正是这样的一个催化剂。Hwang等(2018)也指出，组织承诺可以帮助员工克服遵守安全政策带来的不便(如感知成本)，并给员工一种信息安全遵从很重要的信念。因此，高承诺员工更倾向于关注组织的信息安全而不是纯粹的个人得失，对可能要付出的时间和精力并不在意，因为他们愿意保护自己深深认同和依附的组织。相反，低承诺员工不太可能在保护资产安全方面付出额外努力，由于他们的价值观和组织不一致，对组织也没有情感依附，因而对组织面临的威胁并不敏感，感知成本对这些员工遵从行为的负面影响会更加显著。综上，本章提出：

假设 6：组织承诺减弱了感知成本对政府工作人员信息安全遵从行为的负向影响。

自我效能是预测 IT 行为的重要变量，代表个人对自己执行预期行动能力的判断。在信息安全的背景下，自我效能是指员工对自己是否有按照要求完成防护措施的知识、技术与能力的评估与判断（Liang et al.，2010）。尽管已有研究证明了自我效能对遵从行为的显著影响（Workman et al.，2009），但是仍然存在作用效果的边界情况，也就是自我效能对行为的影响失效（Verkijika，2019）。有学者指出，组织承诺是一种强有力的激励力量（Meyer et al.，2004），会促进员工的合规行为，承诺的特殊性使得它有可能解释这些边界情况存在的原因。即使员工对自己掌握的知识与技术能力没有充分的信心，高水平的组织承诺也可能促使他按照组织的规章与要求行动。由于高承诺员工对组织有情感上的依附并认同组织的目标和信念，因此他们会不遗余力地实现组织目标（Becker，1960）。为了保护组织的信息资产，即使没有足够的能力，遵从信息安全政策的规定也会是首要选择，因为他们将规避威胁视为组织员工应尽的责任（Liu et al.，2020）。在这种情况下，自我效能将不再是高承诺员工所考虑的主要因素。因此，本章提出：

假设 7：组织承诺减弱了自我效能对政府工作人员信息安全遵从行为的正向影响。

综上所述，本章提出了如图 4－1 所示的研究模型图。在本章的研究模型中，感知威胁、感知有效性、感知成本与自我效能组成了技术威胁规避理论解释信息安全遵从行为的核心框架，上下级关系与组织承诺则是联结个人层面与组织层面的关键变量，并根据以往研究选择了年龄、性别、职位、教育程度、工作经验、计算机经验与政策感知（是否清晰地了解组织的信息安全政策）作为控制变量。

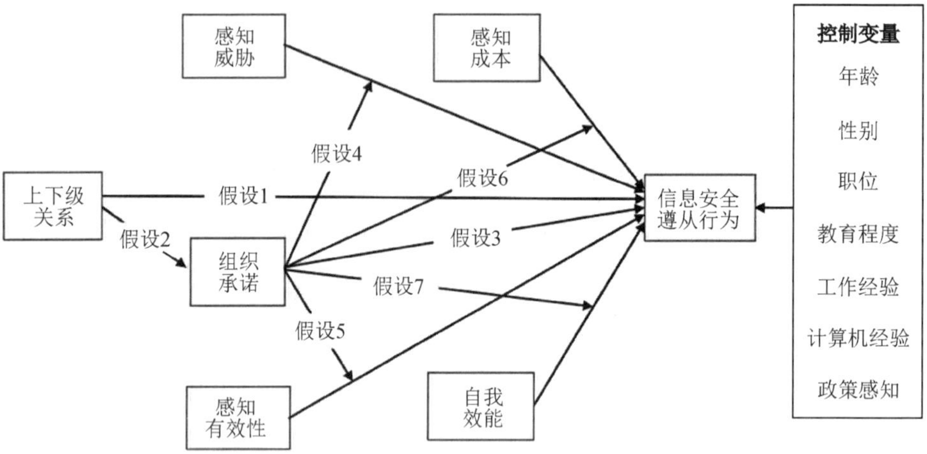

图 4-1　本章研究模型图

4.3　政府篇研究方法

4.3.1　变量测量与问卷设计

本章使用问卷调研的方法来收集数据和检验假设。设计了上下两份问卷,问卷上包含研究背景与构念解释、控制变量、上下级关系以及信息安全遵从行为的测量,问卷下测量了组织承诺、感知威胁、感知有效性、感知成本与自我效能。有学者指出,如果中介变量与因变量出现在同一份问卷中同时测量的话,因为同源方差的问题,中介变量与因变量的相关性会大于自变量与因变量的相关性,从而在统计上有利于证明中介效应的存在。因此,本章在问卷设计时,将中介变量与因变量分开收集,从而避免了形成结论上的偏差。

本章主要采用了 7 个研究构念,使用 7 分的利克特量表对其进行测量评估。优先使用已经被检验和广泛使用过的成熟量表,或者在最接近的量表基础上结合本章的研究情景进行修改。如表 4-1 所示,上下级关系的测量题项源自 Law 等(2000)的量表,组织承诺的题项改编自 Gamble 等(2008)所用的量表。采用 Bulgurcu 等(2010)开发的量表测度了感知成本和自我效能,采用 Liang 等(2013)开发的量表测度了感知威胁和感知有效性。信息安全遵从行为的观测变量根据 Cha 等(2005)以及 Tyler 等(2005)的研究修改而来。信息安全遵从行为的第三个观测变量属于反向题项(CB3),在计分时进行了反向处理,同时也作为筛选有效问卷的依据之一:在数据清洗的过程中,删去了反向题项的评分(CB3)与正向题项(CB1 和 CB2)的评分一致的样本。性别使用了虚拟编码,用 1 代表男性、2 代表女性。类似地,关于政策感知,用 2 来代表对组织信息安全政策的清晰理解,用 1 来表示相反的含义。

表 4-1　研究测度量表

潜变量	编码	观测变量	来源
遵从行为(CB)	CB1	我在工作中总是遵从组织信息安全政策的要求	Chan 等(2005);Tyler 等(2005)
	CB2	我从来没有违反过组织的信息安全政策	
	CB3	为了方便,我会经常忽视组织信息安全政策的规定	
上下级关系(SSG)	SSG1	在工作时间之外或节假日,我会打电话给我的上司或是拜访他(她)	Law 等(2000)
	SSG2	我的上司会邀请我去他(她)家共进午餐或是晚餐	
	SSG3	在特殊的日子里(例如上司的生日),我肯定会拜访我的上司	
	SSG4	我总是会主动地与我的上司分享我的想法、问题、需要和感受	
	SSG5	我很关心并且很了解我上司的家庭与工作情况	
	SSG6	当组织内部产生意见分歧时,我会坚定地支持我的上司	

续表

潜变量	编码	观测变量	来源
组织承诺(OC)	OC1	我认同组织的价值观	Gamble 等(2008)
	OC2	我对组织非常忠诚	
	OC3	我以在我的组织工作而感到自豪	
感知威胁(PT)	PT1	信息安全问题对组织是一种威胁	Liang 等(2009)
	PT2	信息安全问题会给组织带来麻烦	
	PT3	信息安全问题对组织而言是十分危险的	
	PT4	如果组织遭受信息安全问题,那将是十分可怕的	
	PT5	如果组织的信息系统存在信息安全问题,使用它是有风险的	
感知有效性(EFF)	EFF1	如果我遵守信息安全政策,将有利于组织发现和消除信息安全威胁	Liang 等(2009)
	EFF2	如果我遵守信息安全政策,组织可以保护信息系统不受信息安全问题的威胁	
	EFF3	如果我遵守信息安全政策,组织就可以更快地寻找和排除电脑中的信息安全问题	
	EFF4	如果我遵守信息安全政策,组织寻找和排除电脑中信息安全问题的效率将得到提高	
	EFF5	如果我遵守信息安全政策,组织在寻找和排除电脑中信息安全问题时将更为容易	
感知成本(COST)	COST1	遵从信息安全政策的要求对我来说是耗费时间的	Bulgurcu 等(2010)
	COST2	遵从信息安全政策的要求对我来说是一种负担	
	COST3	遵从信息安全政策的要求对我来说是要付出代价的	
自我效能(SE)	SE1	我拥有遵守信息安全政策所需要的技术	Bulgurcu 等(2010)
	SE2	我拥有遵守信息安全政策所需要的知识	
	SE3	我拥有遵守信息安全政策所需要的能力	

4.3.2　试测

由于本章使用的量表均源自英文文献,所以应用回译法(back-translation method)来消除中英文的语言及文化差异而导致的测量偏差。首先将英文量表翻译成中文,然后邀请一名英语专业的研究生将其翻译回英文,当回翻的英文版本与英文原版没有显著差异,并经过专家小组(由两名信息安全管理方向的高校教授和一名相关行业的管理专家组成)比对修改后,方得到用于试测的问卷版本。在陕西省某地方政府邀请了 30 名工作人员参与填写本章的调研问卷,在填写结束后组织了一个简短的访谈并听取了他们的反馈意见。试测结果发现,上下级关系前三个测量题项(SSG1,SSG2 和 SSG3)的因子载荷较低。结合被试人员的建议并与专家小组讨论后,删除了这三个条目,删除之后上下级关系的平均方差提取(average variance extracted, AVE)值从低于 0.5 的临界标准提高到了 0.619。此外,试测的过程中又进一步完善和精炼了问卷中各个测量题项与背景介绍部分的表达,从而得到了最终使用的问卷版本。

4.3.3　数据收集

数据收集的工作在某高校的教育培训基地中进行。依托高校的平台与师资优势,该基地培训的学员涵盖了全国各地市以及区县的政府和企事业单位员工。本章的调研对象仅限于全国各地市和区县的组织部、宣传部、统计局与财政局等政府部门工作人员,具备充分的典型性与代表性。培训课程开始之前,被试者填写问卷上,在 4 个小时的课程结束后,被试者再完成问卷下的填写。共累积发放 350 份问卷,回收了 269 份完整问卷,回收率为 76.9%;得到有效问卷 235 份,有效率为 67.1%,其中,男性达到了 70.6%,女性占 29.4%;52.8%的被试者年龄在 20～39 岁,94.4%的被试者拥有本科及以上学历;拥有 5 年及以上工作经验的被试者占 71.1%,工作经验不足 5 年的被试者占 28.9%;被试者平均的计算机使用经验为13.7年,83.4%的被试者对组织的信息安全政策有清晰的感知与了解。描述性统计如表4-2所示。

表4-2 政府工作人员样本描述性统计

项目	属性	频率	比例/%
性别	男性	166	70.6
	女性	69	29.4
年龄	20～29岁	49	20.9
	30～39岁	75	31.9
	40～49岁	81	34.5
	50～59岁	30	12.8
职位	非管理层	131	55.7
	管理层	104	44.3
教育程度	高中及以下	1	0.4
	专科	12	5.1
	本科	154	65.5
	硕士研究生	59	25.1
	博士研究生	9	3.8
工作经验	5年以下	68	28.9
	5～10年	62	26.4
	10年以上	105	44.7
政策感知	清楚	196	83.4
	不清楚	39	16.6

4.3.4 数据分析方法

本章使用偏最小二乘结构方程模型(partial least squares structural equation modeling, PLS-SEM)来进行模型检验,应用偏最小二乘结构方程建模软件(SmartPLS)进行数据分析。相较于基于协方差的结构方程模型(covariance-based structural equation modeling, CB-SEM),PLS-SEM对模型识别以及样本数据分布的要求更为宽松(Fornell et al., 1982)。PLS-SEM以方差为基础,最大化对目标内生变量的预测,更适用于先验理论较为缺乏的理论构建与测试阶段,特别是以预测为核心的模型(Hair et al., 2019)。由于本章的研究目的偏重于探索和预测,因此使用 PLS-SEM 是比较合适的。

4.4　政府篇分析与讨论

4.4.1　共同方法偏差检验

共同方法偏差广泛存在于基于问卷调研的行为学研究中,主要是由于相同的数据来源、测量工具以及测量环境等导致的研究变量之间虚假的共同变异,如果不加以控制和检验,会影响研究结果的准确性和真实性。本章主要使用了三种方法检验共同方法偏差的存在及影响程度。首先,研究模型中的自变量与因变量在数据收集的过程中尽可能地分离在了不同时间测量的(间隔大于 4 小时)两份问卷之中,避免了自变量与因变量同时呈现在被试者的作答过程中。其次,应用 Harman 的单因子检验方法,对七个潜变量的所有观测变量进行因子分析,结果析出了七个因子,最大的因子变异解释度为 25.96%,说明共同方法偏差的问题并不显著。最后,如表 4 - 3 所示,为了检测共同方法偏差的影响程度,参照 Liang 等(2018)的方法,构造了共同方法因子(common method factor),由本章使用潜变量的所有观测变量构成。所有七个潜变量都被转换成二阶构念,并将它们的观测变量转换为单题项的一阶构念。在检测模型中,所有一阶构念将同时由它本身所属的构念以及共同方法因子所预测,两条路径值的平方代表了由构念解释的方差($R1^2$)以及共同方法因子解释的方差($R2^2$)。从表 4 - 3 可以看出,每个观测变量由它本身构念所解释的方差都显著大于被共同方法因子所解释的方差,因此共同方法偏差的影响是可以忽略的。

表 4-3 共同方法偏差检验结果

潜变量	观测变量	R1（构念的因子载荷）	$R1^2$	R2（共同方法的因子载荷）	$R2^2$
信息安全遵从行为（CB）	CB1	0.850	0.723	0.059	0.003
	CB2	0.905	0.819	−0.005	0.000
	CB3	0.829	0.687	−0.060	0.004
上下级关系（SSG）	SSG4	0.811	0.658	0.016	0.000
	SSG5	0.838	0.702	−0.097	0.009
	SSG6	0.737	0.543	0.085	0.007
组织承诺（OC）	OC1	0.887	0.787	0.000	0.000
	OC2	0.860	0.740	0.038	0.001
	OC3	0.899	0.808	−0.038	0.001
感知威胁（PT）	PT1	0.695	0.483	0.151	0.023
	PT2	0.939	0.882	−0.051	0.003
	PT3	0.911	0.830	−0.006	0.000
	PT4	0.896	0.803	−0.069	0.005
	PT5	0.822	0.676	−0.017	0.000
感知有效性（EFF）	EFF1	0.628	0.394	0.246	0.061
	EFF2	0.878	0.771	−0.008	0.000
	EFF3	0.949	0.901	−0.185	0.034
	EFF4	0.984	0.968	−0.085	0.007
	EFF5	0.854	0.729	0.048	0.002
感知成本（SE）	COST1	0.869	0.755	−0.004	0.000
	COST2	0.918	0.843	−0.008	0.000
	COST3	0.855	0.731	0.012	0.000
自我效能（SE）	SE1	0.903	0.815	−0.030	0.001
	SE2	0.938	0.880	−0.021	0.000
	SE3	0.858	0.736	0.053	0.003
均值	—	0.861	0.747	0.056	0.007

4.4.2 信度检验与效度检验

本章信度与效度分析的检验结果如表 4-4 和表 4-5 所示。在进行模型检验前，对测量指标的信度与效度进行了检验。在信度方面，如

表 4-4 所示,所有潜变量的组合信度与克龙巴赫 α 系数值都超过了 0.8,表现出了很好的信度。在聚合效度方面,所有潜变量的 AVE 值均超过了 0.8,大于 0.5 的临界值;由表 4-5 可知,在各个潜变量中,每个观测变量的因了载荷都高于 0.7,体现出很好的聚合效度。由表 4-4 和表 4-5 可知,每个潜变量 AVE 值的平方根均大于它本身与其他所有潜变量的相关系数,每个观测变量在各自潜变量下的因子载荷值也远高于在其他变量下的载荷值,表现出了良好的区分效度。

表 4-4　信度效度检验结果

潜变量	组合信度	平均方差提取	1	2	3	4	5	6	7
上下级关系(SSG)	0.829	0.619	**0.787**						
组织承诺(OC)	0.911	0.774	0.279	**0.88**					
感知威胁(PT)	0.93	0.729	0.111	0.232	**0.964**				
感知有效性(EFF)	0.945	0.773	0.079	0.275	0.495	**0.879**			
感知成本(COST)	0.912	0.775	0.081	−0.216	−0.056	−0.119	**0.88**		
自我效能(SE)	0.927	0.81	0.125	0.05	0.114	0.162	0.098	**0.9**	
遵从行为(CB)	0.896	0.742	0.225	0.316	0.217	0.22	−0.257	0.202	**0.861**

注:加粗数值为各个潜变量平均方差提取值的平方根

表 4-5　潜变量因子载荷与交叉载荷

变量	均值	标准差	遵从行为(CB)	感知成本(COST)	感知有效性(EFF)	组织承诺(OC)	感知威胁(PT)	自我效能(SE)	上下级关系(SSG)
CB1	6.413	0.993	**0.889**	−0.208	0.245	0.282	0.227	0.189	0.181
CB2	6.132	1.228	**0.911**	−0.207	0.182	0.330	0.179	0.182	0.244
CB3	5.974	1.519	**0.777**	−0.263	0.129	0.188	0.149	0.147	0.146
COST1	2.855	1.772	−0.229	**0.869**	−0.108	−0.178	−0.052	0.050	0.051

续表

变量	均值	标准差	遵从行为(CB)	感知成本(COST)	感知有效性(EFF)	组织承诺(OC)	感知威胁(PT)	自我效能(SE)	上下级关系(SSG)
COST2	2.570	1.684	−0.201	**0.906**	−0.126	−0.226	−0.051	0.129	0.053
COST3	2.609	1.819	−0.242	**0.866**	−0.083	−0.171	−0.044	0.085	0.106
EFF1	5.957	1.386	0.206	−0.076	**0.842**	0.295	0.519	0.138	0.153
EFF2	5.583	1.576	0.162	−0.122	**0.861**	0.219	0.436	0.192	0.057
EFF3	5.451	1.596	0.169	−0.055	**0.878**	0.198	0.351	0.189	0.041
EFF4	5.562	1.571	0.181	−0.113	**0.910**	0.251	0.395	0.075	0.047
EFF5	5.591	1.540	0.232	−0.147	**0.904**	0.235	0.454	0.129	0.042
OC1	5.536	1.500	0.267	−0.206	0.238	**0.906**	0.192	0.088	0.346
OC2	5.970	1.282	0.343	−0.211	0.259	**0.886**	0.220	0.049	0.190
OC3	5.468	1.525	0.207	−0.138	0.229	**0.846**	0.203	−0.032	0.168
PT1	6.140	1.203	0.214	−0.045	0.491	0.177	**0.841**	0.117	0.121
PT2	6.187	1.169	0.195	−0.045	0.416	0.189	**0.904**	0.074	0.068
PT3	6.612	1.233	0.188	−0.022	0.455	0.198	**0.907**	0.075	0.050
PT4	6.132	1.332	0.182	−0.093	0.357	0.191	**0.831**	0.083	0.136
PT5	6.226	1.096	0.127	−0.028	0.377	0.259	**0.777**	0.158	0.101
SE1	4.255	1.745	0.174	0.083	0.138	0.015	0.056	**0.891**	0.100
SE2	4.511	1.688	0.181	0.082	0.119	0.019	0.114	**0.931**	0.067
SE3	4.749	1.762	0.189	0.099	0.177	0.098	0.135	**0.878**	0.167
SSG4	4.047	1.826	0.185	0.040	0.048	0.269	0.076	0.140	**0.839**
SSG5	3.170	1.731	0.078	0.122	−0.018	0.119	0.050	0.086	**0.710**
SSG6	4.783	1.674	0.222	0.065	0.116	0.224	0.120	0.065	**0.806**

注:加粗数值代表测度每个潜变量的观测变量载荷值

4.4.3 模型检验

模型检验的结果如图 4-2 所示,利用自举法重复抽样了 5000 次来计算 t 值,结果显示模型解释的信息安全遵从行为的方差达到了 33.6%。上下级关系对信息安全遵从行为的影响是显著的($b=0.140$,

$p<0.05$)，假设 1 得到支持。上下级关系对组织承诺有着显著的正向影响($b=0.279$, $p<0.001$)，假设 2 也得到了支持。关于组织承诺的中介作用，经过 10000 次拔靴(bootstraps)检验，上下级关系对信息安全遵从行为的间接效应值为 0.074，95%的置信区间为[0.029,0.137]，不包含零，因此组织承诺的中介效应是显著的，假设 3 也得到了验证。

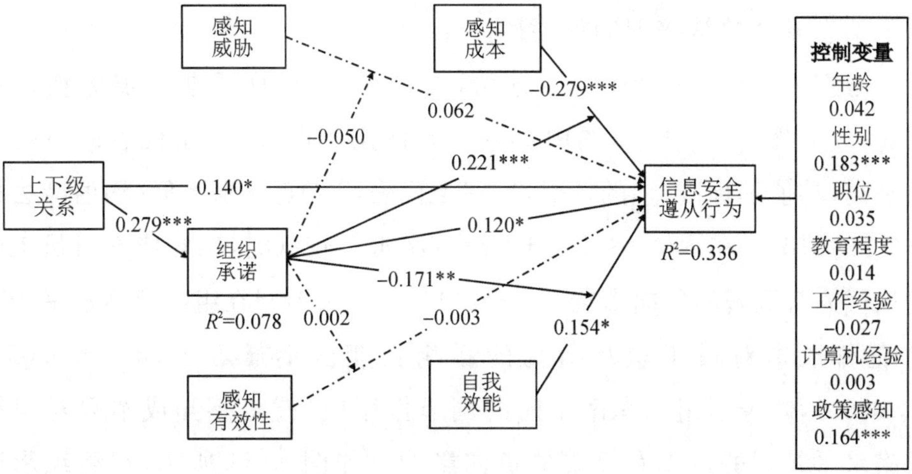

注：*** 表示 $p<0.001$，** 表示 $p<0.01$，* 表示 $p<0.05$；实线表示路径系数显著虚线表示不显著

图 4－2　模型检验结果

为了检验本章提出的调节效应，在模型中构建了感知威胁与组织承诺、感知有效性与组织承诺、感知成本与组织承诺以及自我效能与组织承诺乘积项进行检验，并且对所有相关变量进行中心化后再做相乘处理。结果表明，组织承诺在感知威胁与遵从之间的调节效应是不显著的($b=-0.050$, $p>0.05$)，在感知有效性与遵从行为之间的调节作用同样也是不显著的($b=0.002$, $p>0.05$)。组织承诺在感知成本与遵从行为之间有正向的调节作用($b=0.221$, $p<0.001$)；同时，组织承诺在惩罚期望和遵从行为之间存在负向的调节作用($b=-0.171$, $p<0.01$)。为了进一步检验调节作用，通过比较主效应与调节效应的决定系数(R^2)，效应量(f^2)的值也进行了计算{$f^2=[R^2$(交互模型)$-R^2$(主效应

模型)]/[$1-R^2$(交互模型)]},结果为 0.105,处于 0.02 到 0.15 的区间,表示存在着较小到中等程度的调节效应。因此,假设 4 和 5 没有得到验证,但是假设 6 和假设 7 得到了支持。在控制变量中,性别的影响是显著的($b=0.183$, $p<0.01$),说明女员工在信息安全遵从行为上比男员工做得更好。政策感知的作用也是显著的($b=0.164$, $p<0.01$),证明了信息安全政策培训的重要性。

根据 Cohen 等(2013)的方法,对调节效应做了进一步分析。如图 4-3 和图 4-4 所示,图中都分别有两条回归线,一条代表调节变量水平高(均值加标准差)的情况,另一条代表调节变量水平低(均值减去标准差)的情况。在图 4-3 中,当组织承诺水平较低时,感知成本对员工的遵从行为有显著的负向影响($b=-0.497$, $p<0.01$);在组织承诺水平较高时,感知成本对员工遵从行为的影响就变得不显著了($b=-0.055$, $p>0.05$),体现了组织承诺正向的调节作用,也就是感知成本只对组织承诺水平较低的员工有显著的负向影响。如图 4-4 所示,在组织承诺水平低的情况下,自我效能对员工的遵从行为有着显著的正向影响($b=0.325$, $p<0.01$);当组织承诺水平高时,自我效能对遵从行为的影响是不显著的($b=-0.017$, $p>0.05$)。因此,自我效能只对组织承诺水平较低的员工有显著效果,对高水平组织承诺员工的影响不显著。

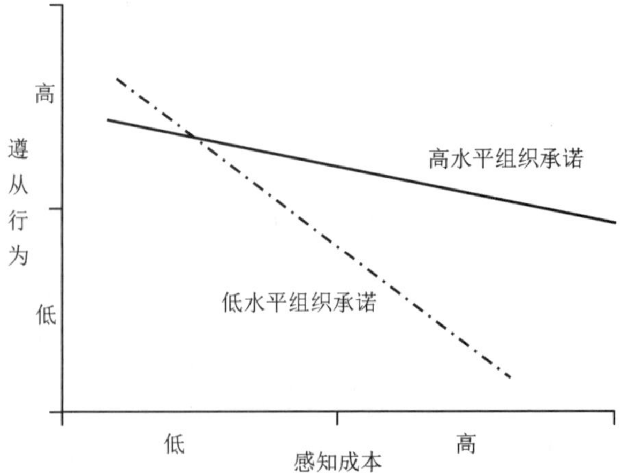

图 4-3　组织承诺的调节效应(假设 6)

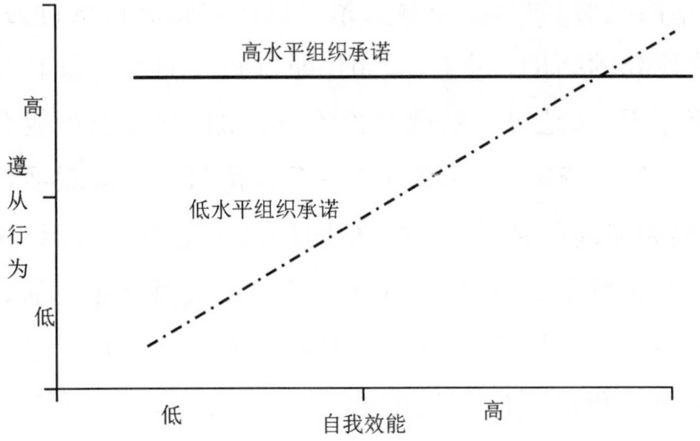

图 4－4　组织承诺的调节效应(假设 7)

4.4.4　结果讨论

本章基于社会交换理论与技术威胁规避理论，探讨了上下级关系与组织承诺对政府工作人员信息安全遵从行为的影响机理。研究结果发现，上下级关系和组织承诺对政府工作人员遵从行为的直接作用都是显著的，同时组织承诺在上下级关系以及遵从行为之间的中介效应也得到了验证。调节效应方面，组织承诺在感知威胁/感知有效性与遵从行为之间的调节效应没有得到验证，但是在感知成本/自我效能与遵从行为之间的调节效应都是显著的。因此，假设 1、假设 2、假设 3、假设 6 与假设 7 得到了验证，但是假设 4 与假设 5 则没有得到验证。

假设 1 到假设 3 得到验证说明了上下级关系与组织承诺都是促进政府工作人员信息安全遵从行为的关键变量，上下级关系还可以通过增强组织承诺间接影响遵从行为。尽管这是上下级关系第一次应用于信息安全遵从行为的研究，已经有学者验证了上下级关系是预测一系列组织行为，特别是有益组织行为的前因变量(Miao et al.，2020)。例如，有学者发现上下级关系对员工的组织公民行为有显著的正向影响(Wong et al.，2003；Zhang et al.，2009)，鉴于遵从行为可以视为组织公民行为的一个子集,本章的检验结果(上下级关系可以正向促进遵从行为)也从侧面印证了以往研究的结论。不过,Farh 等(1998)的研究没有发现关系对承诺的显著作用,这是与本章的结论不一致的,其原因可能在于对关系测度的差异。Farh 等(1998)使用了一系列特殊的人际联系作为关系的测量方式,例如相同的姓氏、亲戚、相同的出生地等。然而,这样的测量手段可能会存在概念重叠的问题(例如很多亲戚都有相同的姓氏),同时也无法反应关系的质量,但是本章所使用的关系量表衡量了上级与下级之间关系质量的程度。值得指出的是,在本章测度上下级关系的量表中,有三个题项(SSG1-3,见 3.3.1 与 3.3.2 节内容)由于因子载荷过低而删除。本章使用的上下级关系量表同时包含了工具性与情感性的成分,删除的 SSG1-3 恰好是工具性的部分,因此本章测度的上下级关系实质上是情感性维度,衡量了高质量上下级关系的程度,也是关系的本质维度与核心特征(Liu et al., 2020)。

关于组织承诺对信息安全遵从行为的直接效应,本章的检验结果与先前的研究是一致的,再次印证了组织承诺在信息安全行为管理中的关键作用。不过,关于调节作用,只有假设 6 与假设 7 得到了支持,假设 4 与假设 5 则没有。组织承诺减弱了感知成本对政府工作人员信息安全遵从行为的负面作用,同时也减弱了自我效能对遵从行为的影响。换言之,对一个组织承诺水平较高的政府工作人员而言,即使遵从行为本身耗时耗力,并且他(她)对自己掌握的、规避信息安全威胁需要的技术与能力没有足够的自信,也会努力遵从信息安全政策的要求。然而,组织承诺却并没有在感知威胁/感知有效性与遵从行为之间起到显著的调节作用。这两个假设没有得到支持的原因可能在于,本章对感知威胁与感知有效性的测量都是从组织层面出发的。换言之,当情景从个人层面转移到组织层面时,感知威胁与感知有效性不再是政府工作人员所关注的焦点,组织承诺的调节作用只存在于感知成本和感知有效性这样与个体密切相关的变量。

4.5　政府篇贡献与启示

4.5.1　本章的理论贡献

(1)本章响应了 Davison 等(2018)关于在新兴经济体的信息系统研究中应用更多本土理论的号召,探讨了上下级关系对信息安全遵从行为的影响。作为中国本土化构念,上下级关系的情感性维度不仅对遵从行为有直接的正向影响,还能通过组织承诺的中介作用间接地促进员工的遵从行为。因此,本章从组织承诺的视角解释了上下级关系对政府工作人员信息安全遵从行为的影响机制:它是一个同时包含直接影响与间接影响的过程。

(2)在信息安全遵从的情境下,检验了组织承诺在政府工作人员样本中的中介作用与调节作用。除过对信息安全遵从行为的直接作用,组织承诺在信息安全链中扮演着催化剂的角色:对组织承诺水平高的政府工作人员而言,他们更在意组织的信息资产安全,在决定是否遵从信息安全政策时感知成本与自我效能已经不是主要考虑的因素,这两者只是低承诺政府工作人员行为决策时的关注重点。因此,本章的研究结论进一步加深了对政府工作人员信息安全遵从行为的理解。

(3)拓展了技术威胁规避理论的应用场景。在以往的研究中,技术威胁规避理论主要应用于非工作环境,主要针对个人的信息系统用户。本章证明了上下级组织承诺和上下级关系是联结个人与组织场景的重要变量,也是将技术威胁规避理论应用到政府工作环境的重要补充因素。

4.5.2　本章的管理启示

(1)管理者应当重视与下属的关系质量管理,因为高质量的关系会直接促进政府工作人员的信息安全遵从行为。管理者应当创造更多的与下属进行互动和交流的机会,倾听他们的需求并努力解决他们的问题。考虑到高质量的上下级关系可以增强下属的组织承诺水平,进而又促进了遵从行为。因此,对于管理者而言,与下属的关系管理是值得投入时间与资源的投资。

(2)鉴于组织承诺对政府工作人员信息安全遵从行为的关键作用,管理者应当努力提升政府工作人员对组织的归属感与认同感,创造更舒适的工作环境和更多元的工作机会。考虑到高承诺政府工作人员有较强的内在动力去保护组织的信息资产,管理者可以利用他们的模范带头作用促进更多的政府工作人员遵从安全政策。此外,在对控制变量的影响进行检验时,发现性别对信息安全遵从行为的作用是显著的,也就是说,相对于男性工作人员,女性工作人员在信息安全遵从上做得更好。因此,管理者可以考虑选取组织承诺较高的政府工作人员以及女性工作人员群体作为保护组织信息资产安全的模范代表,利用政府部门特有的组织氛围树立积极防护信息安全的价值观念,促进更多政府工作人员遵从组织的信息安全政策。

(3)在信息安全管理中,管理者应该更关注组织承诺水平较低的政府工作人员。在考虑是否遵守组织的信息安全政策时,这些政府工作人员对感知成本与自我效能更加敏感,因此应为他们安排更多的安全意识教育与软件使用培训。在培训中,还应当强调信息安全违规行为对个人带来的负面结果,因为低承诺的政府工作人员更在意私人的利益。

4.6 本章小结

基于社会交换理论与技术威胁规避理论,本章节探究了上下级关系与组织承诺对政府工作人员信息安全遵从行为的影响机制。主要结论有:首先,上下级关系的情感性维度可以显著促进政府工作人员的遵从行为,还可通过增进组织承诺来间接地促进遵从行为。其次,在考虑是否遵从信息安全政策时,感知成本与自我效能对组织承诺水平较低的政府工作人员影响更为显著。最后，在整合加入了上下级关系与组织承诺之后，技术威胁规避理论在组织情景下仍然适用。

政府工作人员的压电式信息安全行为管理体现在：首先，变化事件。识别信息安全事件并进行定级分类，重点关注操作复杂的安全防护场景。其次，态势感知。善用组织承诺水平较高的政府工作人员。最后，关键性对齐。在日常工作中关注组织承诺水平较低以及和上级关系质量较低的政府工作人员；注重操作复杂或者工作量较大的信息安全防护工作。

第 5 章　压电式信息安全管理:政府篇

5.1　政府篇问题引入

数字政府是运用数字信息手段重塑政府组织架构与信息平台、提升政府治理能力与效率、实现数字技术与政府治理有机结合的创新型政府治理模式(刘晨晖 等,2024)。数字政府建设是各类信息技术深度嵌入和赋能国家治理各领域的发展过程,不仅是推进政府治理体系和治理能力现代化的关键,也是建设网络强国、数字中国的基础。党的十八大以来,以习近平同志为核心的党中央围绕网络强国、数字中国和智慧社会建设等战略规划,不断推进数字政府建设,做出了建立健全大数据辅助科学决策机制、优化全国一体化政务服务平台、构建新型数字化监管机制等一系列重大部署。

当前,由于政府部门掌握的数据量大、来源多样、机密程度高且保护力度薄弱等原因,政府部门面临的信息安全威胁尤为严重,安全事件在政府部门发生的频率和严重程度在众多行业中位居前列。参考安天科技的调研数据,自 2021 年 3 月以来,已捕获多起针对中国的“钓鱼”攻击活动。这些攻击活动威胁到大量网络节点,主要攻击目标为政府部门、国防军事以及国企单位。2021 年 5 月,某市政府部门的电脑系统遭到恶意网络攻击,健康码、医疗券、病毒疫苗和核酸检测等系统均受到影响。2022 年 8 月,某市数据库被人在黑客论坛上以 4000 美元的价格拍卖,该数据库包含居住或到访过该市的 4850 万用户的身份证、姓名及手机号。在巨大的安全风险与挑战之下,政府部门的数据安全已成为数字政府建设的生命线。值得指出的是,本书将数据安全视为信息安全的子域,本章提出的政府数据安全管理体系是压电式信息安全管埋体系的重要组成部分。

随着中国进入数字化治理时代,政府部门必须坚持用总体国家安全观武装头脑、指导实践和推动工作,构建数字政府建设的安全底线与安全防线。《“十四五”国家信息化规划》中将“坚持安全和发展并重”确立为国家信息化发展的基本原则,要求各级政府“统筹提升信息化发展水平和网络安全保障能力”。《国务院关于加强数字政府建设的指导意见》指出,“坚持安全可控”是数字政府建设的基本原则,各级政府应该从“强化安全管理责任、落实安全制度要求、提升安全保障能力、提高自主可控水平”四方面入手,构建“数字政府全方位安全保障体系”。《全国一体化政务大数据体系建设指南》中指出,中国政府的数据安全保障能力在“制度规范、技术防护、运行管理”三个层面有所欠缺,“尚未形成数据安全保障的有机整体”。上述纲领性文件高屋建瓴,为解决中国在数字化发展进程中面临的国家安全难题、推进数字政府建设的安全保障工作提供了有力依据。

信息安全领域的研究表明,组织成员是抵御组织安全风险的最薄弱环节,组织成员所导致的安全问题比黑客入侵所导致的安全问题更多。公务员作为数字政府建设中的建设者、管理者与执行者,其有意或无意的不安全行为可能直接或间接地侵犯公民隐私,造成经济损失甚至危害国家安全。表 5 - 1 呈现了 2013—2023 年中国政府部门的典型安全事件。为降低公务员不当行为对政府机关数据安全的危害,一方面要制定数据安全行为规范并建立奖惩机制,防范内部人员有意的泄密行为;另一方面要加强安全意识的培训和教育,减少内部人员无意的违规行为。

表 5-1　2013—2023 年我国政府部门典型安全事件

时间	类型	事件描述
2013 年 7 月	内部泄露	某档案服务公司项目办经理宋某在制作某政府机关数字化档案时,为防止信息丢失,违规将涉及国家秘密的电子档案信息交给委托单位,使信息存储在外部计算机中
2013 年 8 月	内部泄露	某县委政法委职员秦某在向县委文明办报材料时,将包括 1 份秘密级文件在内的 15 份文件资料上传到网盘,并设置为分享模式供县文明办下载,造成国家秘密泄密
2016 年 4 月	内部泄露	某事业单位员工朱某为利用"五一"假期在家完成工作,擅自从涉密计算机中将文件刻成光盘带走,存储到私人笔记本电脑中,造成泄密
2016 年 5 月	内部泄露	某县民警籍某利用职务之便,利用前所长段某的权限在公安系统内查询下载公民个人信息 3670 余条,并通过微信向不法分子出售
2016 年 6 月	外部攻击	肖某和周某使用黑客软件侵入某邮局内网,窃取邮局内部储存的公民个人信息 103257 条,并将窃取的信息全部出售,均已构成侵犯公民个人信息罪
2016 年 7 月	内部泄露	某市疾病预防控制中心员工韩某利用工作之便,登录他人账户窃取该市的新生婴儿信息并出售,倒卖新生婴儿信息 30 万余条
2017 年 4 月	内部泄露	某政府机关处长魏某违规将 1 台涉密计算机送到外部机构维修,维修人员将涉密计算机连接到互联网,造成泄密
2017 年 10 月	内部泄露	某政府机关科长陆某在学习机密文件的过程中,发现文件中部分观点对妻子的工作也有帮助,认为"学习参考问题不大",便偷拍文件后用微信发给妻子张某造成泄密
2018 年 1 月	内部泄露	某市公务员徐某利用其掌握的"妇幼信息某管理系统"市级权限账号密码,将该市新生婴儿信息及预产信息导出并出售,累计下载新生婴儿信息 50 余万条,倒卖新生婴儿信息数万条
2018 年 7 月	内部泄露	某市科技局办公室副主任孙某使用非涉密计算机存储、处理涉密文件资料,并利用职务便利,收集了大量文件资料,包括 1 份机密级、7 份秘密级在内的 1100 多份发改领域文件资料
2019 年 7 月	外部攻击	某境外高级持续性威胁(APT)组织仿冒我国某军工领域重点单位邮件登录界面,冒用"系统管理员"身份向多名工作人员发送钓鱼攻击邮件,导致十余人下载点击了木马程序,导致相关人员工作计算机被控制

续表

时间	类型	事件描述
2020 年 2 月	内部泄露	某市属企业员工彭某在处理机密级文件时,为图方便,使用微信中一款图文识别小程序进行扫描,随后该小程序运维人员非法获取了文件图片,并将其上传至互联网,造成严重泄密
2020 年 9 月	内部泄露	某连上等兵陈某,私自购买二手手机,通过聊天工具多次向家人和朋友谈论军事秘密,发送涉军照片,并在手游平台暴露军人身份,造成泄密问题
2021 年 5 月	外部攻击	某市政府部门的电脑系统遭到恶意网络攻击,健康码、医疗券、疫苗和核酸检测等系统的运作均遭到影响
2021 年 6 月	外部攻击	某医院遭受网络攻击,造成全院系统瘫痪,经调查该医院未制定内部安全管理制度和操作流程,未采取防范计算机病毒等危害网络安全行为的技术措施,导致被黑客攻击造成系统瘫痪
2022 年 6 月	外部攻击	某高校遭受境外网络攻击,该校电子邮件系统中出现以科研评审、答辩邀请等为主题的钓鱼邮件,内含木马程序,试图窃取该校关键网络设备配置、网管数据以及运维数据等核心技术数据
2022 年 7 月	内部泄露	某政府机关干部路某在招标活动中,未提醒招标代理公司对相关文件做好保密工作,导致招标公司职员戴某误将一份涉密文件上传互联网,引发舆情
2022 年 10 月	内部泄露	某市干部李某在疫情防控工作会上,擅自用手机拍摄涉密信息,并将照片通过微信发送给他人,导致机密信息外泄
2023 年 3 月	内部泄露	某科技公司为某县级市政府开发运维信息管理系统时,在未经建设单位同意的情况下,将建设单位采集的敏感业务数据上传至公有云服务器,且未采取保护措施,造成了严重的数据泄露
2023 年 7 月	外部攻击	某市应急管理局发布公开声明称,部分地震数据前端台站采集点网络设备遭受境外组织的网络攻击,警方判定为境外具有政府背景的黑客发起的网络攻击,导致地震烈度数据可能遭到窃取

5.2　人因风险视角下的政府数据安全管理

人因风险是指因组织内部人员有意或无意的违规行为以及操作疏漏造成的安全风险。例如:由于内部人员安全意识薄弱,使用简单重复密码口令、离桌未锁屏、毫无防范意识地点击模拟网络钓鱼的链接、使用工作设备接入未知无线网络、因疏忽大意将储存机密的设备丢失或将重要资料发送错误的对象等,均可能导致其无意中泄露数据。

调查显示,大约有 74%的安全事件是由于内部人员将机密信息在没有加密并且失误操作的情况下发送到了组织外部造成的。根据波耐蒙研究所发布的《2022 全球内部威胁成本报告》,过去两年中由内部人员造成的数据安全事件总数增加了 44%。该报告发现,56%的数据泄漏事件来自内部人员的疏忽和误操作,而每一次不当的行为可能导致高达 48 万美元左右的损失。某网络安全软件公司与阿伯丁研究所发布的报告显示,78%的内部数据泄露是员工在日常工作中无意间造成的,平均每个组织每天会发生 10 起以上的内部人员泄露数据事件,例如通过电子邮件、短信、云或可移动媒体将公司文件转移到不可信的位置。即使是无意造成的,这些行为仍会对组织造成负面影响。值得指出的是,内部人员不当操作导致的数据泄露每年造成的损失可高达该组织年收入的 20%,其中还有 75%的组织缺乏必要的工具来监督和跟踪机密文件是否被非法复制和转移。

在中国政府部门中,由于安全意识薄弱、贪图工作效率、抱有侥幸心理以及从众心理等原因,内部人员的违规操作屡见不鲜,包括用微信转发传播涉密文件、用个人设备软件偷拍和存储涉密工作文件等。2018 年,《经济半小时》曾报道:在某政府部门的办公大楼门口,记者可通过手机上的万能钥匙软件,在无任何的阻拦、无任何的密码检查的情况下,轻松进入办公楼内部的网络系统。虽然内部人员的不当行为看似微小,却为虎视眈眈的国际黑客提供了可乘之机,一个无意的举动有可能危及国家安全。例如,我国曾出现过政府机关工作人员由于安全意识淡薄,通过电子邮箱传递国家机密文档,导致 31 份机密级文件和 11 份秘密级文件被隐藏在电脑中的窃密木马程序发送到了境外。此外,还发生过由于政府机关管理人员采用过于简单的邮箱密码,导致邮箱中存储的近 2000 份文档资料全部被境外间谍情报机关窃取。由此可见,政府数据安全不仅需要强化技术和硬件设施,更需要对所有相关人员进行意识培养和监督管理,谨防因人为疏忽大意引发数据安全事故。

当前,全球政府机构面临的数据安全问题既来源于外部攻击,也来源于内部人员的威胁,内部人员造成的威胁中,既有恶意的破坏行为,也有因疏忽大意引发的事故。首先,构建基于人因风险的政府数据安全管理体系,意味着对内部人员的操作行为进行规范与监督。一方面可以通过明确的制度、科学的培训等,提升人员意识和技能,有效缓解因疏忽大意引发的安全事故,例如定期更换账户密码、不要使用私人社交媒体工具传输机密文件等。另一方面,通过法律法规、规章制度和相应的技术手段等,对人员的行为进行监控跟踪,从行为威慑的角度,降低内部人员的恶意操作和数据泄漏的意图和行为,例如技术跟踪手段会令员工知道他们的任何操作都会留痕,一旦恶意传播和转移机密文件,一定会承担相应法律责任。其次,从人因风险出发进行安全管理,这不仅有助于防控内部的两类威胁,还有助于减少外部攻击的可能性。目前,全球政府遭受的网络攻击很多集中于钓鱼软件和木马病毒等,主要原因都是内部人员因疏忽大意点击了带有病毒的链接或下载了恶意软件,为黑客的远程攻击打开了后门。因此,严格地规范内部人员行为,有助于减少黑客攻击的机会。综上,政府部门应该加快构建基于人因风险的政府数据安全管理体系,确保人员管理与技术防护双管齐下,做好数据安全防护的每一个环节。

从更加宏观的角度来看,构建基于人因风险的数据安全管理体系具有重要意义。一方面,我国正加速推进数字政府建设工作,会有越来越多的关乎国计民生的数据信息存储沉淀于政府信息系统当中,不同政府部门信息系统之间、政府和社会组织之间也面临着越来越大的数据流转共享需求,政府信息系统的技术要求和供应商需求也在不断增加,如何做好数据安全的全场景、全周期保护,是推动数字政府稳健发展的重要任务,更是推动数字经济时代高效运转的重要举措。另一方面,当前大国博弈加剧,带有政治意味的网络攻击已经成为信息战、经济战的主要战场,敌对势力针对我国关键信息基础设施的网络攻击已经愈演愈烈,政府的数据安全已经影响到了国家安全,因此,一定要加速构建完善的政府数据管理体系,重视人员与技术的全方位防护。

5.3 政府部门数据安全管理面临的挑战

2022 年 10 月 28 日,《国务院办公厅关于印发全国一体化政务大数据体系建设指南的通知》发布,特别指出我国的政务数据安全保障能力亟须强化。该通知从全生命周期的数据安全治理视角出发,明确了各级政府在政务数据工作中的职责定位,强调和明晰了数据安全的底线保障作用。在《中华人民共和国数据安全法》《中华人民共和国个人信息保护法》《关键信息基础设施安全保护条例》等法律法规陆续出台后,亟须建立完善与政务数据安全配套的制度及相关的治理体系。就中国政府而言,全生命周期的数据安全管理机制尚不健全,数据安全技术防护能力亟待加强。政府部门普遍缺乏专业化的数据安全运营团队,数据安全管理的规范化水平有待提升,在制度规范、技术防护、运行管理三个层面尚未形成数据安全保障的有机整体。具体来看,制度规范是落实政府数据安全保护责任的顶层设计,技术防护是保障政务数据安全的底层基础,而运行管理是确保全生命周期数据安全的必要前提。只有三者相辅相成、有机整合,才能形成有效的政府数据安全保障体系。

目前,政府数据安全管理在我国得到了社会各界的广泛关注,并已成为当下的理论与实践热点。然而,政府数据安全管理在我国尚处发展初期与探索试验阶段,在安全治理的体制机制设计、全周期与全场景的数据安全管理制度、数据管理平台的兼容性与协同性、人因风险管理与数据安全意识培育等方面仍有较大提升空间。

5.3.1 机构设置有待优化

(1)数据安全管理的机构设置不够合理,缺少专业化数据安全团队。

当前,我国政府虽然在省级行政单位普遍设有大数据管理机构来承担数据安全管理责任,但在市县一级的政府部门,却少有专设的数据管理机构。全国第八次机构改革之后,县一级政府大范围撤销了网信办的编制,数据安全管理的职责合并至其他相关部门,信息流转的效率较以往大幅降低,文件的传递以及管理举措的落实都面临自上往下对接不畅的难题。在数据安全对口管理部门空缺的情况下,基层地方政府难以组建专业的数据安全管理团队,数据安全专员空缺或是兼任的情况较为普遍,加之基层公务员普遍工作负荷较重,与数据安全相关的人因失误与风险行为在政府部门时有发生,数据安全管理的相关工作在市级以下的政府部门难以得到有效推进。

(2)数据安全管理的责任边界不够明晰,人因失误导致的安全事件难以定责。当前,我国政府尚未就数据安全管理在全国范围建立统一的行政机构,各级政府内部也鲜有成立专门的数据安全管理部门。虽然大数据管理机构明晰了数据开放与共享的职能,然而对数据安全方面的职能要求职责划分不够清晰。值得指出的是,目前仍有不少地区尚未正式组建大数据管理机构;在设立了管理机构的地区中,没有系统规划和明晰数据安全管理职能与职责要求的不在少数。在这样的背景下,当前政府数据安全管理的决策、组织、协调、控制、监督等职能缺乏有效的顶层设计和统筹规划,特别是网信、公安、数据管理部门等安全责任主体的职能划分不太合理,出现了相同或相似的职能由两个单位同时负责的情况,对于数据安全管理由谁来牵头、谁来负责、谁来落实、谁来监督以及谁来考核等问题均缺乏详细的规定,责任边界较为模糊。政府部门一旦发生人因失误导致的数据安全事件,则难以溯源也难以问责,各级政府和部门之间容易出现互相扯皮和相互推诿的现象。

(3)数据安全管理的跨部门沟通不畅,人因失误的风险极易扩大。受传统科层制和“权力本位”观念影响,我国的治理权力在多层级政府体系中呈现出层层上收的特点。上级政府对下级政府没有进行明确的授权,或虽进行明确授权却又掌握着任意干预权,使得下级政府的治理权变得非制度化、残缺或薄弱,这种不明确、有“卸责”意味的数据安全管理权力配置使得不同层级政府之间的工作难以协同。同时,平级部门之间的沟通需要耗费大量的时间与精力,大幅降低了数据安全管理效能。在数据安全的情景下,跨部门的沟通不畅就意味着各部门只能各自为战,在难以快速获得其他部门协同帮助的情况下,数据安全相关的人因风险极易扩散和扩大,沟通机制的不畅也将导致相似性质的人因失误问题在不同部门多次发生,亟须建立安全管理的经验反馈与互助共享机制。

5.3.2 安全制度有待完善

(1)现有安全管理制度缺乏系统性与规范性,人因风险相关的灰色地带与漏洞较多。当前,虽然与数据安全相关的政策与制度较多,但是以宏观规划与管理原则为主,颗粒度较大,落地性、针对性和系统性不强,实际应用的指导效果大打折扣。例如,就当前的数据安全政策文件而言,内容主要集中于安全体系、安全技术、安全审查机制、安全监测等方面的宏观论述,有的政策文件论述过于精简,有关安全内容只是点到为止。现阶段,政府部门的数据安全审查以传统的方式为主,而传统的数据安全审查方式,对工作人员的专业知识和经验具有很强的依赖性,且在非自动化审查和大量人工干预下,审查周期长、成本高。此外,传统的数据安全审查方式容易受主观因素的影响从而忽略某些审查内容,导致一些数据安全问题产生。例如,在 2015 年,由于政府数据开放安全审查不到位,某省住房和城乡建设局在公示人员名单时,公布了公民完整的身份证号码等个人信息,侵犯了公民个人隐私。2017 年,在某社区网站发布的公告名单中,将大量的公民姓名与身份证号码直接暴露在网上,类似的案例在全国范围的政府网站屡有发生。

(2)全生命周期的数据安全管理制度有待建立,对数据安全重要性的认知有待提升。参照“信息安全技术数据安全能力成熟度模型”,政府数据安全的生命周期可以分为六个阶段:数据采集安全、数据传输安全、数据储存安全、数据使用安全、数据交换安全以及数据销毁安全。当前地方政府的管理实践虽然一再强调数据安全的管理制度建设，但是规划和工作开展以静态的管理思维为主，普遍缺乏全生命周期的制度设计视角。在政府数据的采集环节中，可能存在隐私侵犯和数据质量等问题；在数据存储和数据使用等阶段有可能存在数据泄露、数据遭篡改等安全问题；即使是在数据销毁阶段，也可能存在权力寻租与数据售卖的情况。例如，2018 年某单位公务员利用职务之便，非法获取出售 82 万条包含居民身份证号码、手机号码、固定电话等在内的个人信息。由此可见，亟须进一步加强政府工作人员在各个生命周期阶段对数据安全重要性的认知。

(3)全场景的数据安全管理制度有待建立，数据使用行为缺乏约束与引导。政府部门的数据安全管理工作具有场景复杂性、人员多样性以及数据多样性等特点，由于工作力度和重视程度不足，应对日益严峻的数据安全形势和高发的数据安全漏洞时，制度的缺失极大影响了防护效果与处置效率。即便是在同一部门，公务人员的安全素养也可能存在较大差异，直接的后果就是防护能力参差不齐。考虑到组织中的管理短板会影响安全工作的成效，因此需要建立强有力的管理机制来约束公务人员的数据风险行为，并积极引导和鼓励保护数据安全的主动行为。在全国范围内，人因风险导致的数据安全事件呈现出场景高度重合与风险类型高度相似的特点，因此亟待基于典型的事故高发场景建立针对性的安全管理制度。

5.3.3　安全保护效率有待提升

(1)数据安全管理平台的兼容性有待优化，数据保护与监管缺乏统一标准。政府数据安全的风险监控是整个管理体系的安全保障，需要基于数据全生命周期构建一条完整坚实的数据安全监控链。然而，现阶段政府数据安全平台体系大多缺乏自上而下的顶层规划，数据接口标准、技术标准等缺乏统一规范，致使各平台多为封闭生态，平台与平台之间兼容性差，智能水平也各不相同。在此情况下，“各自为战”的数据安全平台容易阻滞风险分析数据的汇集,导致全域风险分析和研判难以开展,数据安全风险难以溯源。此外,很多政府部门应用的国产系统兼容性不高,无法兼容和支持多种常用办公软件,卡顿和死机的情况时有发生,严重影响了日常的工作效率。当工作的负荷程度以及不便利程度增加时,数据安全相关的人因风险以及不当操作发生可能性也会随之提升。

(2)数据安全管理平台的协同性有待优化,数据传递互通的效率较为低下。当前,我国各类政府机构之间的数据平台协同性差,存在巨大的优化空间。在很多地区,政府各部门之间的数据平台没有打通,数据互联互通的成本较高。比如,部分省市的公检法部门之间的数据平台系统没有打通,涉密信息经常需要以纸质的形式进行传递。在很多地区,检察院移交案卷提起公诉只能通过线下方式,人工移送案件卷宗,法院接收后再将案件信息逐项录入到审判系统中,之后再移送审判部门,耗时耗力,冗长的信息传递环节也更容易滋生人因风险相关的安全事件。

5.3.4 安全防护意识有待加强

(1)领导干部队伍对人因风险的认识不足。人防、物防和技防是目前政府部门普遍采取的信息安全防护手段,但由于政府部门的领导干部群体普遍对人因风险认识不足,目前主要的经费投入与管理资源都集中于物防和技防,针对人防的投入和重视程度明显不足。政府信息安全管理的发展与完善,离不开管理部门以及领导队伍自上而下的推动。

(2)政府安全从业者的数据安全意识有待提升。当前,政府部门的数据安全从业者,包括安全专员、一般办公人员、临时借调人员以及第三方合作商与第三方供应商等,普遍缺乏安全意识,没有养成良好的离桌锁屏等习惯。作为政府数据安全场景下第一线的工作人员,这些从业者的安全意识亟须提升。

(3)针对数据安全意识的培训缺失。目前,在我国的政府部门,数据安全相关的培训一般仅整合于初任培训或其他节点的一般培训,鲜有针对成员数据安全意识的专项培训和教育活动。同时,有关信息安全培训的内容也普遍呈现出内容老旧、过于基础以及与现实场景脱节的问题。由此可见,针对数据安全意识的培训需要从频率和质量上做进一步的优化提升。

5.4 政府部门的压电式数据安全管理体系构建

基于以上分析,为了有效应对当前的安全威胁与管理挑战,政府部门应当构建无边界、全周期和重人因的压电式数据安全管理体系。压电理论源自电气工程领域,体现的是压电材料在受到挤压时,内部电荷通过移动来响应外力变化的特征。该理论认为,安全事件所导致的负面影响将与组织面对安全事件迅捷调整的响应能力呈负相关关系。在政府部门的数据管理过程中,突发的数据安全事件可以类比为压电式行为中的外力作用。如果要像压电式传感器一样高效应对外力的变化,以政府部门为代表的管理主体就需要牵头构建完备的数据安全事件响应体系,包括识别可能的风险事件与风险类型,明晰潜在的关键点,构建专门的应急响应队伍,并将体系构建的规则或方法在协作组织中推广,通过协调整合内外部资源的方式来应对潜在的数据安全危机。当数据安全事件顺利解决时,各管理主体应当及时进行反馈、总结和评估,并将经验共享,以应对下一次可能的数据安全事件。按照这样的实践路径,将以政府为中心构建一个解决突发安全事件并促进多边协同的多元响应体系,从而激活政府的居间职能,充分释放其强大的政策和制度资源。

首先,无边界主要体现在协同无边界、经验技术共享无边界和响应机制推广复制无边界。鉴于组织边界在数智化时代愈发模糊,因此一个无边界的多元协同管理体系将更好地适配当前的网络与技术环境。针对数据安全管理过程中,各主体和各个部门协同不足与沟通不畅的问题,需要数据局或网信办等部门牵头来统筹做好各主体之间数据安全管理的顶层设计工作,落实主体责任和监督责任,形成跨地区、跨部门、跨层级的协同联动机制,从而解决数据安全责任谁牵头、谁负责、谁配合、谁监督以及谁考核的问题。其次,全周期的压电式数据安全管理体系包含了事前监测预警、事中响应处置和事后反馈优化三个阶段,其核心要求是确保政府部门在安全事件发生前、发生时和发生后都能够采取有效的措施,并根据每次的处理经验不断优化和提升处置流程。最后,重视人因风险强调与人直接相关的管理薄弱环节,也就是从安全意识与安全行为的角度监管和控制潜在的安全风险。特别地,负责安全工作的人员对待突发事件的心态也会影响数据管理体系的实际效果。数据安全事件一般会经历三个典型阶段:正常阶段、发生事件的关键阶段以及恢复到正常阶段,其中关键阶段所占比例一般都相对较少。如果组织或者个人一直处于高度紧张状态之下,不仅会承受过度的压力,同时也是一种资源的浪费。因此,就对待数据安全事件的心态而言,既应该避免漠不关心,又应该避免激动沮丧,应处于"可接受"到"关注"的区间内,方能在安全事件发生时保持良好的响应状态。这也是未来政府部门的数据安全培训应该重点关注的方向。

5.5 本章小结

由于政府部门掌握的数据量大、来源多样、机密程度高且保护力度薄弱等,其面临的数据安全威胁尤为严重。本章梳理了我国政府部门数据安全管理所面临的挑战:机构设置有待优化、安全制度有待完善、安全保护效率有待提升以及安全防护意识有待加强。在此基础上,基于压电理论构建了适用于我国政府的数据安全管理体系:由数据局或网信办等部门牵头来统筹做好各主体间数据安全管理的顶层设计工作,落实主体责任和监督责任,形成跨地区、跨部门、跨层级的协同联动机制并构建完备的应急响应体系,包括识别可能的风险事件与风险类型,明晰高危场景与关键资产,建设专门的应急响应队伍,并将体系构建的规则或方法在协作组织中推广,通过协调整合内外部资源的方式来应对潜在的数据安全危机。

第 6 章　信息安全行为:企业篇

6.1　企业篇研究背景

在信息时代,企业受益于信息技术发展的同时,也面临着信息安全问题的巨大挑战(Soomro et al., 2016)。各种信息泄露与网络攻击事件使得企业越发重视信息资产安全防护工作,然而国内针对信息安全的管理侧重于法律与技术层面(陈昊 等,2018),缺乏对组织员工的关注。组织的内部员工对信息系统更加熟悉并且拥有正式权限,一旦发生不当行为,影响往往更甚于外部威胁(Hu et al., 2012)。例如知名快递企业就曾曝出内部员工利用职务之便,泄露和转卖客户信息的事件。因此,为了预防和避免信息安全问题,企业不仅要在技术层面提高安全等级,更关键的是从员工遵从的角度入手解决与人相关的问题(李晶 等,2015)。

虽然越来越多的企业都制定了信息安全政策来规范组织内部的员工行为,但由于员工与组织目标、利益的不一致(Liang et al., 2013),需要企业采取组织控制的方式,也就是奖励与惩罚的机制来约束和引导员工的行为。虽然已有研究聚焦于奖励与惩罚对员工信息安全遵从的影响,但是仍存在如下局限:奖惩机制对遵从行为的激励与威慑效果存在争议。例如,有研究发现奖励与惩罚都对员工的信息安全遵从有正向影响,而且奖励的作用效果要优于惩罚(陈昊 等,2016),但是 Liang 等(2013)的研究发现惩罚期望对遵从行为有正向的影响,奖励期望的影响却是不显著的,还有研究指出奖励与惩罚对信息安全遵从的影响都是不显著的(Chen et al.,2018)。D'Arcy等(2011)认为,调节变量的缺失是导致信息安全领域研究中出现不一致结论的重要原因。先前的研究在验证奖惩机制的作用效果时,可能忽略了组织中影响员工遵从行为的其他关键变量,所以才得出了不一致的研究结论。Etzioni(1975)的遵从理论从社会心理学的角度深化了对员工遵从行为的理解,认为组织中的遵从是上下级双方共同作用的结果:一方是行使权力或控制手段的上级,控制手段包括奖励与惩罚等;另一方是隶属于这种权力的下属,对组织的控制报以或高或低的承诺。因此,员工的遵从行为不仅仅取决于具体的控制手段(奖励或者惩罚),使用控制手段的上级以及员工自身的承诺也会产生关键的影响。基于遵从理论的视角,本章在组织控制的框架中加入了上下级关系与组织承诺来探究奖励与惩罚对员工信息安全行为的影响机理,不仅为了验证上下级关系与组织承诺对遵从行为的直接效应,也试图检验它们作为情景变量影响奖惩机制效用的可能。

鉴于中国独特的文化背景与管理理念,越来越多的学者呼吁应扎根中国情景,应用本土化的理论和构念来研究中国企业的信息安全管理实践(吴士健 等,2020;Davison et al.,2018)。国学大师梁漱溟在《中国文化要义》中提出,中国人的伦理并非构建于社会与个人相互间的关系(个人本位或社会本位),而是建立在人与人相互间的关系之上(关系本位)(梁漱溟,2011)。著名社会学家费孝通提出“差序格局”(费孝通,2008)的概念来解释中国的人际关系与社会结构:就像石头落入水中在水面形成的一圈圈同心圆状的波纹,以“己”为中心,离中心越近的就代表越亲近的人,由内而外可以划分为三种关系,即亲人、熟人和生人。组织中上司与下属之间的关系就属于熟人的范畴,是一种强调相互利益的混合型关系(王震 等,2018)。中国组织中的权力距离较大(严进 等,2011),上司拥有较大的权力(张文慧 等,2013),对组织资源的分配以及下属的升迁去留与职业成长有较大的话语权(李云 等,2015)。因此,鉴于中国社会的关系本位和中国文化的权威导向(郭晓薇 等,2015),在差序格局的中国组织中，上下级关系是下属进行工作决策时的重要考虑因素（梁潇杰 等，2019），更是预测与解释组织成员行为的关键（郭晓薇 等，2015），关系作为组织正式制度的非正式补充，在中国企业的信息系统管理中扮演着重要角色（Davison et al.，2013）。在注重互利互惠的中国企业，上司对待下属时难以做到完全公正地依据组织的规章制度进行奖惩，而上司对下属的施恩行为往往会得到下属遵从与忠诚的回报（张文慧 等，2013），良好的上下级关系可以促进组织成员的合规行为（Hui et al.，2004）。因此，在探究中国企业中的奖惩机制对员工信息安全遵从的作用时，上下级关系的影响不容忽略。

作为组织行为领域应用最广泛的理论之一，社会交换理论认为人际交往的社会行为都是基于互利互惠原则的交换（刘顿 等，2018），人们会重复可以获取回报与奖励的行为，同时回避那些会受到惩罚的行为（李凯 等，2013），根据计算预期收益与成本之间的得失来决定是否进行交换。作为一种私人的且非正式的联结，中国组织情境下的上下级关系属于典型的社会交换（Zhang et al.，2014），当上下级中的一方（上司或者下属）向另一方提供帮助或者恩惠后，获得利益的另一方就会在互惠原则的驱动下进行回报。类似地，社会交换理论不仅是上下级关系的理论基础，还可以解释员工组织承诺的形成：如果企业为员工提供了良好的工作环境、满意的薪资与职业生涯发展空间，那么企业就会得到员工的承诺（刘小平，2015）。因此，组织承诺可以视为员工与组织之间社会交换的结果。在组织行为学、心理学还有人力资源管理领域，组织承诺都得到了广泛的关注与研究，它不仅解释了员工与组织之间的心理联结，同时也对工作绩效以及一系列员工行为有着重要的影响。作为一种稳定的心理约束力，组织承诺对个体的行为有显著的预测作用（Meyer et al.，1991），它在信息安全背景下对员工遵从行为的影响已经得到了学者的广泛关注（Hwang et al.，2018）。Stanton 等（2003）发现组织承诺可以预测一系列信息安全相关的行为，员工的组织承诺水平越高，危害组织信息系统的行为发生的可能就越小。还有研究指出,组织承诺是将组织层面的信息安全威胁转化为个人层面的关键变量(Posey et al., 2015),在不同的组织承诺水平下,奖励与惩罚对遵从行为的作用可能会存在差异。综上所述,基于遵从理论与社会交换理论的视角,在强制性的组织环境(Liang et al., 2013)中,也就是在制定了正式且明晰的奖惩机制的企业中,信息安全遵从行为是行使奖惩权力的上级以及员工对组织的承诺共同作用的结果(Etzioni, 1975)。组织环境中的奖励与惩罚分别对应员工与上级、组织的交换过程中衡量的收益与成本,根植于员工与上级、员工与组织之间社会交换行为的上下级关系与组织承诺,也就有充分的可能对奖惩机制的效果形成直接或者间接的影响。因此,本章将上下级关系引入信息安全遵从的情境中,检验了关系与承诺在奖惩机制与遵从行为之间的调节效用,以期填补信息安全行为领域的研究空白,并为企业信息安全管理的制度设计与优化提供决策建议。综上,本章试图回答以下的研究问题:在强制性的组织控制环境下(企业员工的信息安全遵从行为得到奖励,违规行为遭受惩罚),上下级关系与组织承诺具有怎样的调节作用?

6.2 企业篇研究假设与研究模型

6.2.1 组织控制与信息安全遵从行为

信息安全遵从行为是指员工遵循企业信息安全政策的要求,规范而合理地使用信息系统与信息资源来完成工作任务的行为(Liang et al., 2013)。信息安全政策是组织为了确保信息资产安全而制定的一系列规章制度,通过建立有关规范行为与违规行为的要求与准则,来约束和规范员工对组织信息资源与信息系统的使用(Yazdanmehr et al., 2016)。在信息安全的背景下,与人的因素相关的行为研究兴起于20世纪90年代,如何从人因风险的角度来保障组织的信息安全在近年来得到了持续的关注和探究(曾忠平 等，2014)。

组织控制是指组织通过管理手段使得具有个人需求的员工服从组织的要求(奖励符合组织要求的行为，处罚违反组织规定行为)，从而确保实现组织目标的管理过程(张志学 等，2006)。组织控制可以分为两种类型：正式控制与非正式控制。正式控制基于特定的标准和准则，是一种对行为过程与结果绩效监督和评估的控制过程；非正式控制则是从社交策略以及人际互动的角度出发，以非正式的方法来消除组织成员的行为偏差(Liang et al.，2013；Kirsch et al.，2002)。由于基于结果的正式控制的有效性与可测性比较好，同时在企业实践中占主导地位(Chen et al.，2012)，再加之本章调研的企业在信息安全管理上具有强制性的组织环境，所以本章将聚焦于正式控制，也就是探究奖励期望与惩罚期望对信息安全遵从行为的影响。在本章中，奖励期望被定义为员工对信息安全遵从行为可以得到一系列奖励的综合预期(Liang et al.，2013)，惩罚期望则是指员工对违反信息安全政策的行为将会受到一系列惩罚的综合预期(Liang et al.，2013)。

在信息安全的背景下，奖励对员工期望行为的激励效果已经得到了相关研究的证实(陈昊 等，2016；Chen et al.，2012；Siponen et al.，2014)，奖励不仅可以提升员工的绩效表现和工作效率，还可以对员工遵从产生积极的影响。从代理理论的视角来看，一个设计合理的奖励机制可以很好地促进代理人(员工)与委托人(组织或者上级)之间目标的统一，所以奖励的使用可以有效地修正员工的不安全行为，进而实现组织维护信息安全的目标(Chen et al.，2012)。同时，针对遵从行为的奖励机制不仅可以在组织中形成积极的信息安全氛围，还可以向员工传达和强化一种信念：信息安全是组织所需要的，从而正向促进员工的遵从行为。Siponen 等(2014)指出奖励被广泛地应用于解释和预测员工在组织中的行为，管理者给予下级口头表扬以及有形的奖励可以显著地促进员工的信息安全遵从。Chen 等(2012)发现奖励与员工的信息安全政策遵从显著相关，Bulgurcu 等(2010)的研究则指出员工感知到的奖励可以通过影响员工对遵从行为收益的感知影响其态度，从而促进员工遵从的意愿。一个设计合理的奖励机制可以很好地促进员工与组织之间目标的统一，所以对奖励的使用可以有效地修正员工的行为来实现组织的目标(Chen et al.，2012)。因此，本章提出：

假设 1a：奖励期望对企业员工的信息安全遵从行为有正向影响。

作为组织控制的重要组成部分，惩罚可以有效地控制员工的行为并提升工作绩效。一方面，惩罚可以直接地处罚、纠正和威慑个人的不当行为，另一方面，组织中的其他成员可以观察到他人被处罚的行为并据此纠正自身行为的偏差。威慑理论指出，当潜在的违规者感受到组织为了控制和避免违规行为而做出的努力后(针对违规行为制定惩罚机制)，违规行为发生的可能性就会降低(Chen et al.，2012)。因此，针对信息安全制定的惩罚制度作为一种威慑机制的存在，加深了员工对违规后果严重性的感知，从而降低和避免了违规行为的发生(D'Arcy et al.，2009)。Chen 等(2018)指出惩罚对信息安全遵从的影响主要体现在对违规行为的威慑作用。作为一种有效减少违规行为的控制手段，惩罚的存在是员工避免违规行为的主要动因，违规的减少促进了遵从的增强。Liang 等(2013)的实证研究证明了惩罚对遵从行为的显著影响，Bulgurcu 等(2010)的研究也指出惩罚可以通过提升员工对不遵从行为成本的感知来影响其态度，进而影响员工的遵从意愿。因此，本章提出：

假设 1b：惩罚期望对企业员工的信息安全遵从行为有正向影响。

6.2.2 上下级关系与信息安全遵从行为

在中国的文化背景下，上下级关系是一种组织中上下级之间基于利益、情感和身份义务的双向联结，这种包含工具性、情感性与义务性的联结促成上司与下属双方在交往互动时的行为预期与心理动因(郭晓薇等，2018)，同时也是推动组织运作的关键(付博 等，2019)。

上级与下属之间的联结与互动是推动组织运作的关键(付博 等，2019)，根植于中国传统文化与价值观的上下级关系被认为是中国组织情境下影响最深远的人际联结(Wei et al., 2019),也是预测一系列中国员工行为的重要前因变量。现有研究证实了上下级关系对员工的组织公民行为有显著的正向影响(Liu et al., 2013),而遵从行为可以看作组织公民行为的一个方面。Miao 等(2020)也指出高质量的上下级关系可以提升员工的工作满意度,进而抑制员工的不道德行为,从而产生积极的、有益组织的员工行为结果。Wei 等(2019)认为在高质量的上下级关系中,上级个人的影响力以及职级权力会更显著地促进员工的绩效表现,并发现上下级关系对下属的职业生涯发展有显著的积极影响。从社会交换理论的视角出发,当员工受益于上下级关系时,对上级的忠诚程度以及情感投入就会增强,在情感驱动下会产生"报"的互惠信念(黄杜鹃 等,2019),这样的信念促成了更多回报上级的行为。他们认为对组织的利他行为可以有效帮助上级(付博 等, 2019),因此会将信息安全遵从行为视为对上级的一种回报,从而维持或增强了与上级的关系。因此,本章提出:

假设 2:上下级关系对企业员工的信息安全遵从行为有正向影响。

6.2.3　上下级关系的调节作用

鉴于上下级关系的本质是一个下属对上级进行投入,上级给予相应的工具性与情感性资源回报的长期交互过程(于维娜 等,2015),与上级关系较好的员工往往会对主管的回馈与恩惠抱有更高的期望。中国企业中的领导掌控着较多的组织资源并具备较大的决策自由,高质量的上下级关系可以给员工带来超越组织规则之外的额外收益与特殊待遇,从而获得在组织中更高的地位和更好的发展空间。Law 等(2000)的研究也证实了这一点:如果一名上级与其下属有着很好的关系,那么会倾向于给下属更多的分红奖金,同时会在有晋升机会的情况下,更加尽力地提拔自己的下属。如果和上级的关系质量较高,员工就会更期待和重视来自上级的正面反馈,所以会显著增强奖励对员工遵从行为的激励效果。Miao 等(2020)的研究发现在高质量的上下级关系中,得到上司特殊待遇与额外恩惠的员工认为自己作为组织中的关键成员,是对组织而言十分重要的人才资源。在这样的认知下,员工不仅会对来自上级的奖励有更多的期待,同时也会降低惩罚对他们的威慑作用。正如上文所指出的,上下级关系根植于讲究和谐的儒教伦理,以人情法则作为互惠的交换原则(郭晓薇,2011),更注重个人情感而不是完全理性的组织公平,很多员工的过失与错误,特别是与上级关系较好的员工,会因为人情关系得到谅解(Su et al., 2001),惩罚期望对遵从行为的促进作用也会因此受到影响。所以,高质量的上下级关系可能会降低员工对惩罚期望的敏感程度。因此,本章提出如下假设:

假设 3a:上下级关系在奖励期望与信息安全遵从行为之间起调节作用,随着上下级关系水平的提升,奖励期望对企业员工遵从行为的影响将被增强。

假设 3b:上下级关系在惩罚期望与信息安全遵从行为之间起调节作用,随着上下级关系水平的提升,惩罚期望对企业员工遵从行为的影响将被减弱。

6.2.4 组织承诺与信息安全遵从行为

组织承诺是指员工对所在组织的认同和投入(刘小平,2015),是由员工对组织的承诺、责任和义务衍生出的特定的心理态度与行为倾向(戚振江 等,2007)。基于社会交换的视角,组织承诺是员工与组织之间建立起交换关系后,员工的一种心理感受(刘小平,2011)。社会交换是指互惠行为的交互,员工通过工作换取规定的报酬,并以忠诚获取上级和组织的肯定与支持;同时,员工的付出也让组织得到了发展与成长。在这样持续和长期的交换中,员工与组织形成了相互依赖和相互促进的社会交换关系(Rhoades et al., 2002),并建立起了有效的情感联系,组织承诺正是在交换的基础上逐步产生的。在信息安全的背景下,出于互惠互利的考虑,员工对组织的承诺会驱使员工完成组织所期望的行为,例如遵守组织的信息安全政策来避免潜在的损失和危害,以此作为对组织给予自己支持和肯定的交换。对于组织承诺水平高的员工而言,维护组织的信息资产安全会被他们视为理应如此的选择,此时的遵从行为就是对组织的一种回报与交换,一方面是对过往支持的回报,另一方面是通过积极遵守制度这样被鼓励的行为换取组织更多的赏识与支持。Herath 等(2009)发现对组织认同与卷入程度高的员工会更有可能相信自己的遵从行为可以对组织带来有益的影响,从而确保组织信息安全的实现,在这样的认知驱使下,他们也会更倾向于遵从组织的信息安全政策。综上可知,组织承诺是一种稳定的约束和引导员工行为的内在力量,组织承诺水平越高的员工,其遵守信息安全政策的意愿也会越强烈。因此,本章提出:

假设 4:组织承诺对企业员工的信息安全遵从行为有正向影响。

6.2.5　组织承诺的调节作用

组织承诺在信息安全背景下的调节作用已经得到了验证。Posey 等(2015)发现组织承诺是在保护激励理论的框架下,影响员工信息资产保护动机和保护行为的重要调节变量。组织承诺的水平越高,越有助于将组织层面的信息安全威胁转化到员工的个人层面,对组织价值观的认同以及情感依附会让员工对组织面临的信息威胁更加敏感、更加重视。对组织承诺水平较低的员工而言,由于缺乏与组织之间的情感纽带以及对组织身份的认同,他们往往对组织面临的信息安全威胁并不敏感,在没有强制性控制手段的情况下甚至不会重视。因此,低承诺的员工在考虑是否遵从信息安全政策时,会更侧重"趋利避害"的权衡,奖励和惩罚很可能是促成他们遵从行为的主要动因。然而,组织承诺较高的员工出于对组织的认同与忠诚,为了避免组织遭受信息资产的损失,会有较高的动机遵从信息安全政策。有研究指出,代表着对组织归属感与认同程度的组织承诺是一种强有力的"激励力量"(Porter et al., 1979),可促使员工积极行为的发生(Meyer et al., 2004)。在高承诺的心理态度作用下,遵从行为可能会被此类员工视为分内之事,例如 Li 等(2010)指出对组织认同感高的员工会将不安全的网络行为视为高风险与不道德的,此时奖惩机制对遵从行为的促进作用将会比较有限,奖励与惩罚的存在只是“锦上添花”,而非关键的动因。因此,本章提出:

假设 5a:组织承诺在奖励期望与信息安全遵从行为之间起调节作用,随着组织承诺水平的提升,奖励期望对企业员工遵从行为的影响将被减弱。

假设 5b:组织承诺在惩罚期望与信息安全遵从行为之间起调节作用,随着组织承诺水平的提升,惩罚期望对企业员工遵从行为的影响将被减弱。

基于以上分析,本章构建了如图 6-1 所示的研究模型。在正式控制(奖励期望与惩罚期望)的框架下,加入了上下级关系与组织承诺,检验了这两者对信息安全遵从行为的直接作用,以及在奖惩期望与遵从行为之间的调节作用。参考以往的研究,本书使用了性别、年龄、行业、职位、教育程度、工作经验以及计算机经验作为控制变量。

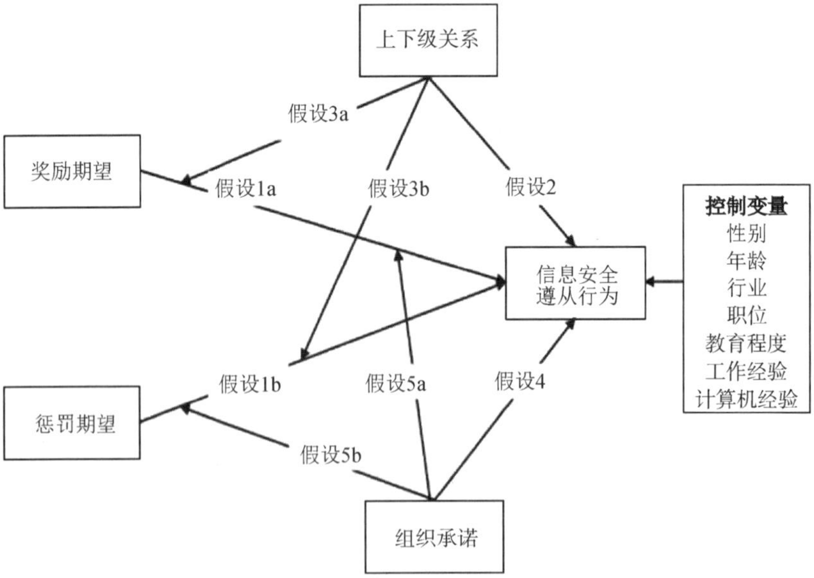

图 6-1 研究模型

6.3　企业篇研究方法

6.3.1　变量测量与问卷设计

本章使用了问卷调研的方法来收集数据。设计了上下两份问卷,问卷上包含研究背景与构念解释、控制变量、上下级关系以及信息安全遵从行为的测量,问卷下测量了组织承诺、奖励期望与惩罚期望。如表 6 - 1所示,本章主要使用了 5 个潜变量,优先使用已经被检验和广泛使用过的量表进行测量,或者在最接近的量表基础上进行修改。信息安全遵从行为的观测变量根据 Chan 等(2005)、Tyler 等(2005)的研究修改而来,上下级关系沿用了 Law 等(2000)提出的量表,并在预测试中去除了因子载荷较低的题项(SSG1 - 3)。奖励期望和惩罚期望参考了 Liang 等(2013)的研究所使用的量表。组织承诺的量表参照了 Gamble 等(2008)的研究。所有的观测变量都采取利克特七级量表的方式进行测量,1 代表非常不符合自身情况,7 代表非常符合自身情况。其中,信息安全遵从行为的第三个观测变量属于反向题项(CB3),在计分时进行了反向处理,同时也作为筛选有效问卷的依据之一:在数据清洗的过程中,删去了反向题项的评分(CB3)与正向题项(CB1 和 CB2)的评分一致的样本。控制变量的设置则参考了 Bulgurcu 等(2010)的研究,包括性别、年龄、行业、职位、教育程度、工作经验以及计算机使用经验等。由于本章使用的量表均源自成熟的英文文献,因此应用回译法(back-translation method)来消除中英文的语言及文化差异而导致的测量偏差。首先将英文量表翻译成中文,然后邀请一名英语专业的研究生将其翻译回英文,当翻译回的英文版本与英文原版没有显著差异,并经过专家小组(由两名信息安全管理方向的高校教授和一名业界管理专家组成)比对修改后,方得到最终的问卷版本。

表 6-1 研究测度量表

潜变量	编码	观测变量	来源
遵从行为(CB)	CB1	我在工作中总是遵从组织信息安全政策的要求	Chan 等(2005);Tyler 等(2005)
	CB2	我从来没有违反过组织的信息安全政策	
	CB3	为了方便,我会经常忽视组织信息安全政策的规定	
上下级关系(SSG)	SSG1	在工作时间之外或节假日,我会打电话给我的上司或是拜访他(她)	Law 等(2000)
	SSG2	我的上司会邀请我去他(她)家共进午餐或是晚餐	
	SSG3	在特殊的日子里(例如上司的生日),我肯定会拜访我的上司	
	SSG4	我总是会主动地与我的上司分享我的想法、问题需要和感受	
	SSG5	我很关心并且很了解我上司的家庭与工作情况	
	SSG6	当组织内部产生意见分歧时,我会坚定地支持我的上司	
奖励期望(RE)	RE1	如果我遵守信息安全政策,我将会得到奖励	Liang 等(2013)
	RE2	如果我遵守信息安全政策,我的上司将会称赞我	
	RE3	如果我遵守信息安全政策,我的上司将会给我积极的反馈	
	RE4	如果我遵守信息安全政策,我的上司会让他(她)的上级或是其他人知道	
惩罚期望(PE)	PE1	如果我没有遵守信息安全政策,我的上司将会指责我	Liang 等(2013)
	PE2	如果我违反了信息安全政策,我将会受到上司的惩罚	
	PE3	如果我没有遵守信息安全政策,我的上司将对我进行口头批评	
	PE4	如果我没有遵守信息安全政策,我的上司将会表现出不满	
组织承诺(OC)	OC1	我认同组织的价值观	Gamble 等(2008)
	OC2	我对组织非常忠诚	
	OC3	我以在我的组织工作而感到自豪	

6.3.2　试测

在进行试测之前，首先在某金融机构进行了访谈调研，听取了该机构信息技术部门的领导意见后，对量表测度项的表达进行了优化，并加入了更多信息安全行为的举例，以便被试者理解本章所测量的构念。在确认了某 IT 公司有正式的信息安全政策后，邀请了该公司 30 名员工进行试测问卷的填写，并听取他们的反馈意见。试测结果发现，上下级关系的前三个测量题项（SSG1、SSG2 和 SSG3）以及奖励期望的第四个测量题项（RE4）因子载荷较低，测度项的因子载荷一般要求在 0.5 以上，这四个观测变量的因子载荷都低于这一标准。为了保证收敛效度，同时结合被试者员工的建议并与专家小组讨论后，删除了这四个条目，并完善和精炼了其他测量项目的表达，从而得到最终的问卷版本。

6.3.3　数据收集

数据收集的工作在某高校的教育培训基地中进行。依托高校的平台与师资优势，该基地培训的学员涵盖了全国范围的多个地市以及区县，具备充分的样本典型性与代表性。本章的调研对象仅限于制定了正式信息安全政策（包含奖励与惩罚机制）的企业，并在课堂上对参与培训的员工进行现场确认，同时在问卷首页对信息安全政策与信息安全行为进行定义和解释，然后设置了问项来确认所在公司是否制定了明晰且正式的信息安全政策，通过这两次筛选后的作答方可作为有效问卷。培训课程开始之前，被试者填写问卷上，在 4 个小时的课程结束后，再完成问卷下的填写。本章累积发放 500 份问卷，回收了 335 份完整问卷，回收率为 67.0%。得到有效问卷 310 份，有效率为 62.0%。其中，男性被试者达到了 60.6%，女性占 39.4%；20～29 岁被试者占 27.1%，30～39 岁被试者占 32.9% ，40～49 岁被试者占 30.0%，50～59 岁被试者占 10.0%；92.2%的被试者拥有本科及以上学历；拥有 5 年及以上工作经验的被试者占 65.8%，工作经验不足 5 年的有 34.2%；平均的计算机使用经验为 14.7 年;被试者所属行业占比分别为 IT 行业 42.9%、金融行业 29.7%、制造业 20.0%、通信行业 7.4%。企业样本的描述性统计如表 6-2 所示。

表 6-2 描述性统计分析

项目	属性	频率	比例/%
性别	男性	188	60.6
	女性	122	39.4
年龄	20～29 岁	84	27.1
	30～39 岁	102	32.9
	40～49 岁	93	30.0
	50～59 岁	31	10.0
职位	非管理层	228	73.5
	管理层	82	26.5
行业	IT	133	42.9
	金融	92	29.7
	制造业	62	20.0
	通信	23	7.4
教育程度	高中及以下	1	0.3
	专科	23	7.4
	本科	214	69
	硕士研究生	64	20.6
	博士研究生	8	2.6
工作经验	5 年以下	106	34.2
	5～10 年	85	27.4
	10 年以上	119	38.4

6.3.4 数据分析方法

本章使用 PLS-SEM 来进行模型检验,应用 SmartPLS 进行数据分析。传统的 CB-SEM 以协方差为基础,目的是最小化样本协方差矩阵与理论协方差矩阵之间的差异,关注模型中既定的理论关系;PLS-SEM 则是以方差为基础最大化对变量的预测,侧重于模型中的目标内生变量(Hair et al., 2012)。两者的重要差异在于 CB-SEM 的目的是验证原假设(null hypothesis)是不显著的，而 PLS-SEM 是为了验证备择假设(alternative hypothesis)是显著的(Lowry et al.，2014)。因此，相较于适宜检验既有理论的 CB-SEM，PLS-SEM 更适用于先验理论较为缺乏的理论构建与测试阶段，特别是以预测为核心的模型(Hair et al.，2019)。由于本章的研究目的偏重于探索和预测，因此使用 PLS-SEM 是比较合适的。

6.4　企业篇分析与讨论

6.4.1　共同方法偏差检验

共同方法偏差一直是实证研究领域密切关注的方法层面的问题，特别是在以自报告的问卷调研为数据来源的研究中。共同方法偏差可能会扩大变量之间的相互关系，从而影响研究的有效性(李云 等，2019)。在本章中，自变量与因变量都分别被放置于不同时间测量的两份问卷中进行收集，因此自变量和因变量就不会同时呈现在被试者的面前，避免了干扰作答的可能；采用 Harman 的单因子检验方法，对各个潜变量的所有观测变量进行因子分析，单个因子最大的变异解释度为 29.17%，说明共同方法偏差的问题并不显著。此外，如表 6－3 所示，本章构造了共同方法因子(Meyer et al.，2004)，进行了共同方法偏差检验。其中，共同方法因子由本章使用潜变量的所有观测变量构成。所有五个潜变量都被转换成为二阶构念，并将它们的观测变量转换为单题项的一阶构念。在检测模型中，所有一阶构念将同时由它本身所属的构念以及共同方法因子所预测，两条路径值的平方代表了由构念解释的方差($R1^2$)以及共同方法因子解释的方差($R2^2$)。从表 6－3 可以看出，每个观测变量由它本身构念所解释的方差都显著大于被共同方法因子所解释的方差，而且共同方法的因子载荷都是不显著的，可以认为共同方法偏差并没有对本章的研究结果产生显著影响。

表 6-3 共同方法偏差检验结果

潜变量	观测变量	$R1$（构念的因子载荷）	$R1^2$	$R2$（共同方法的因子载荷）	$R2^2$
遵从行为（CB）	CB1	0.948**	0.899	−0.035	0.001
	CB2	0.917**	0.841	0.029	0.001
	CB3	0.890**	0.792	0.007	0.000
上下级关系（SSG）	SSG4	0.850**	0.723	0.050	0.003
	SSG5	0.874**	0.764	−0.008	0.000
	SSG6	0.879**	0.773	−0.041	0.002
奖励期望（RE）	RE1	0.917**	0.841	−0.068	0.005
	RE2	0.898**	0.806	0.042	0.002
	RE3	0.907**	0.823	0.021	0.000
惩罚期望（PE）	PE1	0.975**	0.951	−0.034	0.001
	PE2	0.879**	0.773	0.039	0.002
	PE3	0.938**	0.880	−0.003	0.000
	PE4	0.777**	0.604	0.127	0.016
组织承诺（OC）	OC1	0.930**	0.865	−0.005	0.000
	OC2	0.909**	0.826	−0.028	0.000
	OC3	0.893**	0.797	0.034	0.001
均值		0.899	0.810	0.036	0.002

注：$N=310$；** 代表 $p<0.01$

6.4.2 信度检验与效度检验

在进行模型检验前，我们对测量指标的信度与效度进行了检验。在信度方面，如表 6-4 所示，所有潜变量的组合信度与克龙巴赫 α 系数值都超过了 0.8，表现出了很好的信度。在聚合效度方面，所有潜变量的AVE 值均超过了 0.7，大于 0.5 的临界值；在各个潜变量中，每个观测变量的因子载荷都高于 0.8，体现出很好的聚合效度。由表 6-4 和表 6-5 可知，每个潜变量 AVE 值的平方根大于它本身与其他所有潜变量的相关系数，每个观测变量在各自潜变量下的因子载荷值也远高于在其他变量下的载荷值,表现出了良好的区分效度。

表 6-4　信度效度检验结果

潜变量	克龙巴赫 α 系数	组织信度	平均方差提取	1	2	3	4	5
遵从行为(CB)	0.908	0.942	0.844	**0.919**				
上下级关系(SSG)	0.836	0.896	0.742	0.144	**0.861**			
奖励期望(RE)	0.891	0.932	0.820	0.272	0.056	**0.906**		
惩罚期望(PE)	0.946	0.961	0.861	0.224	0.058	0.388	**0.928**	
组织承诺(OC)	0.897	0.935	0.828	0.323	0.186	−0.019	−0.261	**0.910**

注:加粗数值为各个潜变量平均方差提取值的平方根

表 6-5　潜变量因子载荷与交叉载荷

观测变量	均值	标准差	遵从行为(CB)	上下级关系(SSG)	奖励期望(RE)	惩罚期望(PE)	组织承诺(OC)
CB1	6.219	1.063	**0.932**	0.110	0.227	0.191	0.327
CB2	6.077	1.141	**0.934**	0.133	0.295	0.222	0.332
CB3	5.874	1.433	**0.890**	0.156	0.225	0.205	0.225
SSG4	4.210	1.962	0.165	**0.918**	0.063	0.081	0.181
SSG5	3.600	1.946	0.096	**0.839**	0.052	0.036	0.181
SSG6	4.735	1.863	0.082	**0.823**	0.017	0.006	0.105
RE1	3.248	1.909	0.191	0.073	**0.846**	0.301	−0.015
RE2	3.677	1.887	0.261	0.019	**0.934**	0.385	−0.026
RE3	3.745	1.940	0.275	0.066	**0.934**	0.359	−0.010
PE1	4.965	1.724	0.216	0.030	0.361	**0.938**	−0.238
PE2	4.674	1.845	0.196	0.062	0.408	**0.887**	−0.285
PE3	4.977	1.739	0.207	0.057	0.350	**0.945**	−0.228
PE4	5.029	1.732	0.212	0.067	0.324	**0.940**	−0.222
OC1	5.610	1.391	0.316	0.165	−0.030	−0.030	**0.933**
OC2	5.742	1.243	0.235	0.190	−0.053	−0.053	**0.896**
OC3	5.342	1.522	0.316	0.160	0.023	−0.023	**0.901**

注:加粗数值代表测度每个潜变量的观测变量载荷值

6.4.3 模型检验

使用 SmartPLS 进行模型检验的结果如图 6－2 所示,利用自举法重复抽样了 5000 次来计算 t 值,结果显示模型解释的信息安全遵从行为的方差达到了 44.9%。奖励期望对信息安全行为的影响是不显著的($b=0.097$, $p>0.05$),假设 1a 没有得到支持。惩罚期望对遵从行为有着显著的正向影响($b=0.282$, $p<0.001$),假设 1b 得到了支持。虽然上下级关系对信息安全遵从行为没有显著的作用($b=0.064$, $p>0.05$),但是组织承诺的正向影响得到了验证($b=0.404$, $p<0.001$),所以假设 4 得到了验证,假设 2 则没有得到验证。在控制变量中,只有性别的影响是显著的($b=0.132$, $p<0.01$),说明女员工在信息安全遵从行为上比男员工做得更好。

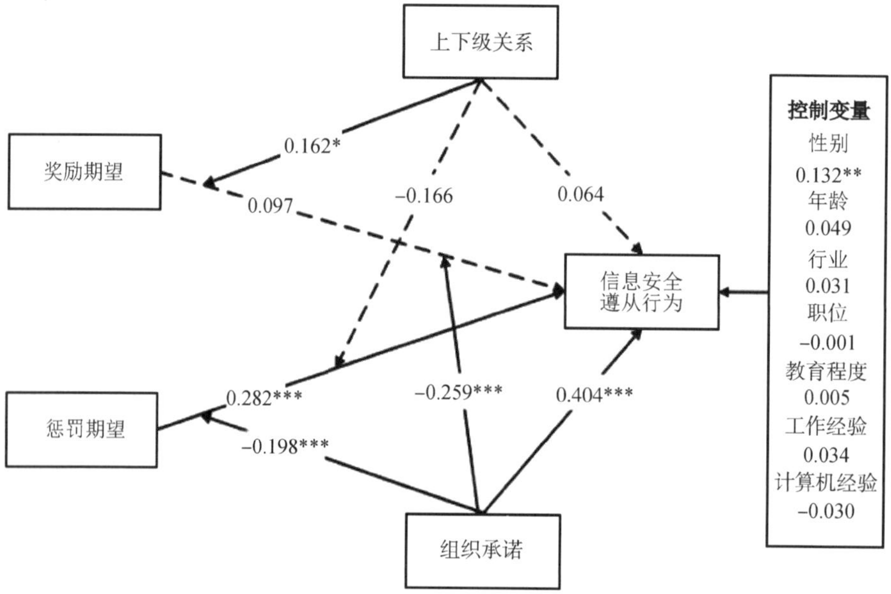

注:*** 代表 $p<0.001$,** 代表 $p<0.01$,* 代表 $p<0.05$;实线表示路径系数显著,虚线表示不显著

图 6－2　模型检验结果

为了检验本章提出的调节效应,在模型中构建了奖励期望与上下级关系、惩罚期望与上下级关系、奖励期望与组织承诺以及惩罚期望与组

织承诺乘积项进行检验，并且对所有相关变量进行中心化后再做相乘处理。结果表明，上下级关系在奖励期望与遵从行为之间有正向的调节作用($b=0.162$，$p<0.05$)，在惩罚期望与遵从行为之间的调节作用是不显著的($b=0.166$，$p>0.05$)。组织承诺在奖励期望与遵从行为之间有负向调节作用($b=-0.259$，$p<0.001$)；同时，组织承诺在惩罚期望和遵从行为之间也有负向的调节作用($b=-0.198$，$p<0.001$)。为了进一步检验调节作用，通过比较主效应与调节效应的决定系数(R^2)，效应量(f^2)的值也进行了计算{$f^2=[R^2$(交互模型)$-R^2$(主效应模型)$]/[1-R^2$(交互模型)$]$}，结果为0.272，处于0.15到0.35的区间，表示存在着中等程度的调节效应。此外，参照Saraf等(2013)以及Yazdanmehr等(2020)的方法，检验了因变量被调节效应模型解释的方差是否显著大于主效应模型(在图6－2模型中去除所有的调节效应)。首先，分别对应四个调节效应的假设，在主效应模型的基础上构建了四个只包含一个调节效应的模型。其次，进行F统计量检验，比较这四个模型以及全模型与主效应模型解释方差的差异是否显著。结果表明，除过假设3b的F检验结果是不显著的($p>0.05$)，其余三个调节效应(假设3a、假设5a和假设5b)以及同时包含四个调节效应的模型都是显著的($p<0.001$)。F检验的结果与上文一致，进一步验证了假设检验的结论。最后，应用Cohen(1998)的统计功效表检测了上述的F检验是否拥有足够的效力(统计检验得到显著性结果的可能性)：在0.01的水平上观测到$f^2=0.272$的效力超过了0.95，代表着本章得到的调节效应检验结果不太可能会受到第二类错误的干扰。因此，假设3a、假设5a和假设5b得到了充分的支持，假设3b则没有得到支持。

根据Cohen等(2013)的方法，对上下级关系以及组织承诺的调节效应做了进一步的分析。图6－3、图6－4和图6－5中分别做出了两条回归线，一条代表调节变量水平高(均值加标准差)的情况，另一条代表是调节变量水平低(均值减去标准差)的情况。由图6－3可知，在上下级关系水平较低时，奖励期望对员工遵从行为没有显著的影响($b=-0.065$，$p>0.05$)；在上下级关系水平较高时，奖励期望可以显著地促进员工的信息安全遵从行为($b=0.259$, $p<0.01$),体现了上下级关系正向的调节作用,也就是奖励期望的激励作用只对与上级关系好的员工有效。由图 6-4 可知,在组织承诺水平低的情况下,奖励期望对员工的遵从行为有着显著的正向影响($b=0.356$,$p<0.01$),当组织承诺水平高时,奖励期望对遵从行为的影响是不显著的($b=-0.162$,$p>0.05$)。这说明奖励期望只对组织承诺水平较低的员工有显著效果,对高水平组织承诺员工的影响不显著。类似地,由图 6-5 可知,当组织承诺水平降低时,惩罚期望与遵从行为之间的回归斜率上升,说明组织承诺起到了负向的调节作用。在组织承诺水平低的时候,惩罚期望对遵从行为有十分显著的正向影响 ($b=0.480$,$p<0.01$),不过当组织承诺水平变高时,惩罚期望的正向影响不再显著($b=0.084$, $p>0.05$)。这也说明了惩罚更适用于组织承诺水平较低的员工。

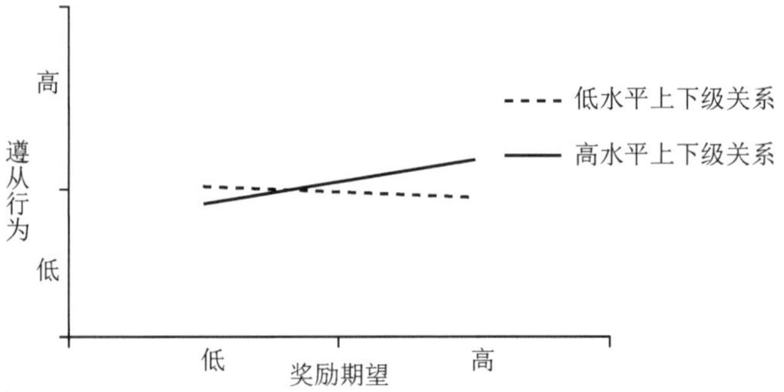

图 6-3　上下级关系的调节作用(假设 3a)

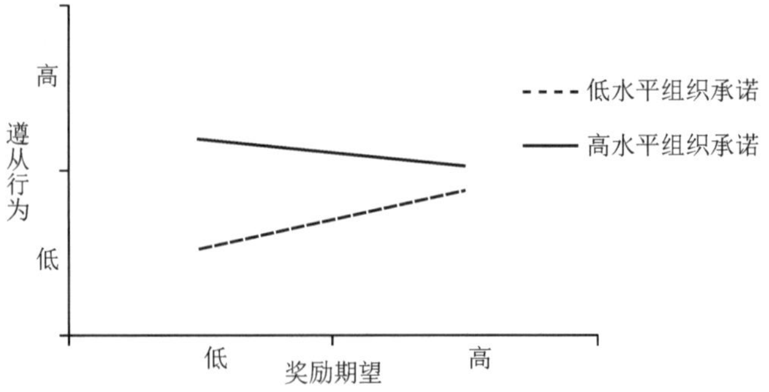

图 6-4　组织承诺的调节作用(假设 5a)

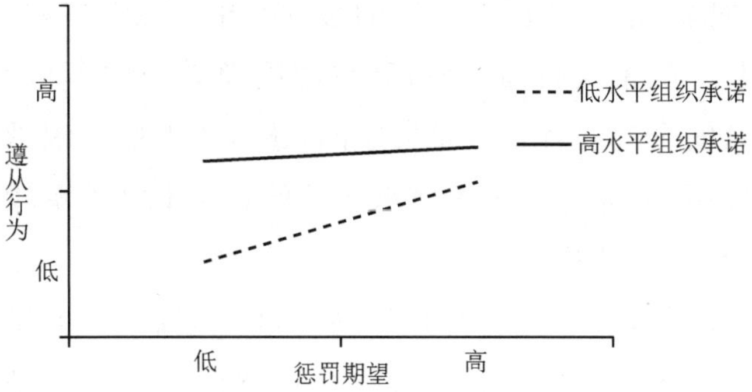

图 6-5　组织承诺的调节作用(假设 5b)

6.4.4　结果讨论

本章主要检验了上下级关系与组织承诺在奖惩期望与遵从行为之间的调节作用。研究结果发现,惩罚期望对企业员工信息安全遵从的影响是显著的,但是奖励期望的总效应是不显著的。上下级关系对企业员工的信息安全遵从行为没有显著影响,但是组织承诺对遵从行为有正向的预测作用。关于调节作用,上下级关系在奖励期望与信息安全遵从行为之间存在正向调节作用,但是在惩罚期望与遵从行为之间的调节作用是不显著的。组织承诺在奖惩期望与遵从行为之间存在显著的负向调节作用。因此,假设 1b、假设 4、假设 3a、假设 5a 和假设 5b 得到了支持,但是假设 1a、假设 2 与假设 3b 则没有得到支持。

与 Liang 等(2013)的研究结论相同的是,笔者发现惩罚对企业员工信息安全遵从的作用效果要强于奖励。奖励期望的总效应之所以不显著,很可能是因为在信息安全的背景下,企业员工关注的焦点往往是避免不遵从的损失而不是期望通过遵从获得收益。在企业中,对于违反组织信息安全政策的员工,惩罚的形式不仅包括上级的不满、斥责和批评等口头上的负向反馈,还包括绩效或者工资罚款、降级、取消升迁机会甚至追究相关法律责任等实质性的措施,但是奖励却主要以上级的肯定、关系的稳固以及组织的通报表扬为主,实质性与物质性的奖励相对较少。因此,与惩罚相比,奖励对员工的激励作用就相对有限,具体的效果可能取决于员工的个人特质。然而,仅根据总效应的不显著,并不能认为奖励在信息安全遵从背景下是失效的,还应该考虑组织承诺与上下级关系的调节作用,因为对组织承诺水平较低和与上级关系较好的员工而言,奖励期望对他们遵从行为的影响都是显著的。

值得注意的是,有学者指出 Law 等(2000)编制的,也就是本章所使用上下级关系量表同时包含了工具性与情感性的成分,例如"我总是会主动地与我的上司分享我的想法、问题、需要和感受"描述的是上司与下属之间的情感性互动,而"在特殊的日子里(例如上司的生日),我肯定会拜访我的上司"则代表了上下级关系中工具性的人情交换维度(郭晓薇等,2018)。在本章中,鉴于上下级关系工具性维度题项的因子载荷过低,在模型检验中只保留了情感性维度的题项。情感型联结在中国传统文化中是广为推崇的,是国人关于上下级关系的理想期望与核心价值,因此情感成分在高水平的亲近关系中占据主导地位(郭晓薇 等,2015),可以视为高质量上下级关系的核心特质。在本章中,当情感性维度的上下级关系水平较高时,奖励期望才对遵从行为有显著的影响,而其他情况下都是不显著的,说明只有高质量的上下级关系才会有效提升奖励对员工的激励作用。当员工与上级之间的关系较好时,来自上级的奖励不仅可以进一步巩固双方的情感联结与关系质量,这样的积极反馈还会让员工更加期待和相信在未来可以获得上级的偏私回报及恩惠(周浩,2014),奖励期望的激励作用也就得以充分发挥。上下级关系在惩罚期望与遵从行为之间没有显著调节效应的原因可能在于:在上下级关系的实践中,员工会更期望上级给自己更多的奖励与机会,而不是期望更少的惩罚与批评。虽然与上级较好的关系可能会让员工对违规行为心怀侥幸,但是并不足以降低他们对惩罚的敏感程度,员工更不愿因为没有遵从信息安全政策而破坏与上级来之不易的良好关系,因为高质量的关系可能带来更多的升迁机会、更好的绩效评估和更多的奖金分配,这些都是员工在组织中的核心利益和主要诉求,因此惩罚期望对遵从行为的威慑作用就不会受到上下级关系的显著影响了。此外,上下级关系对遵从行为的主效应是不显著的,也就是好的关系并不会直接促进员工的信息安全遵从行为。一方面,考虑到本章的样本都是制定了正式信息安全政策的企业,分布在 IT、金融、制造以及通信行业。这些行业的企业往往拥有明晰的绩效指标与既定的工作规范,虽然有益于组织的遵从行为可以视为对上级的一种回报,但是在绩效压力下与本职工作相关的良好表现可能更具备与上级进行交换的条件。另一方面,这一结果也证明了上下级关系是组织中激发个体行为的重要情景因素(崔智淞 等,2019),虽然没有显著的直接作用,但是关系主要以调节变量的角色通过增强奖励的激励作用来间接促进遵从行为。

6.5　企业篇贡献与启示

6.5.1　本章的理论贡献

(1)本章在信息安全背景下,验证了惩罚期望可以显著地促进企业员工的信息安全遵从行为,同时也发现了惩罚的威慑效果要优于奖励的激励效果。奖励与惩罚作用效果的差异也进一步凸显了在组织控制框架下探究调节效应的重要性:了解奖励与惩罚在何种情境下对何种类型的员工更有效果,不仅为组织控制的机制设计提供了理论基础,同时也为管理者的实践决策(确保组织控制手段的有效性)提供了理论参考。

(2)本章将上下级关系的影响引入企业员工信息安全遵从行为的研究,并验证了上下级关系的调节作用,从中国文化情景的角度回应了以往研究中奖励对员工遵从的影响效果不一致的问题,那就是可能忽略了员工与上级关系水平的差异。在企业的组织情境中,高质量的上下级关系主要通过增强员工对奖励期望的感知来间接促进信息安全遵从行为。本章论证了上下级关系在信息安全实践中扮演的重要角色,说明上下级关系作为我国企业正式制度的有力非正式补充,可以对组织的信息安全管理产生积极的影响。

(3)本章将组织承诺整合到组织控制的框架中,探究并验证了组织承诺在奖惩机制与企业员工遵从行为之间的调节作用。本章在一定程度上解答了先前研究中奖惩机制对促进员工遵从的效果不一致的问题,那就是可能忽略了员工组织承诺水平差异的影响。在信息安全的背景下,奖励期望与惩罚期望都可以作为有效的激励手段与威慑手段,不过奖励与惩罚对那些组织承诺水平较低的员工会更有效果。组织承诺较低的员工对组织的归属感较低,自身和组织之间未建立起较深的情感联系,没有强制性要求的情况下不会将保护信息资产视为分内之事,此时奖励的激励作用与惩罚的威慑作用方得以充分发挥。对组织承诺水平较高的员工而言,由于他们对组织的认同度与忠诚度都较高,他们会更加关注组织的信息资产安全,应对可能的信息安全威胁时更加敏感,遵守信息安全政策的内在动机较高,所以此时奖励与惩罚的效果就会显著降低。因此,在组织控制的框架中加入组织承诺,不仅进一步深化了对员工信息安全遵从行为的理解,也对组织控制的机制设计提供了理论参考。

6.5.2 本章的管理启示

(1)在企业的信息安全管理实践中,惩罚往往比奖励更有效果,因此在制度设计时应偏重于惩罚机制的完善与优化。例如,针对员工可能的违规行为,制定多样化与递进式的惩罚制度,包括上级的口头批评、组织内部的通报批评、奖金和绩效工资的扣罚、降低职级评定、暂缓或者取消晋升机会、在造成严重后果情况下追加责罚等,确保发挥惩罚的威慑作用。鉴于奖励期望只对特定群体的员工有显著的效果,因此管理者不应局限于组织现有制度的框架,可以针对不同特质的员工灵活应用奖励的手段。

(2)组织管理者应该重视与员工的关系管理与情感培养,通过给予员工更多的恩惠以及增强与员工的互动交流等方式,从强化情感联结的角度入手提升关系质量,关注、重视并倾听员工的诉求和心声,积极解决相关的问题。针对与管理者关系较好的员工,应注重给予奖励性的积极反馈,从而增强奖励期望的影响,进而促进员工的遵从行为。因此,企业的管理者值得投入精力去增强与下属之间的管理质量。作为一种非正式的控制方法,上下级关系的增强有利于促进企业正式控制机制的有效性,从而成为企业信息安全管理中正式制度的有力补充。

(3)实行差异化的信息安全行为管理,在设计奖惩机制时可以将目标人群侧重于组织承诺较低的员工,充分考虑低承诺员工的心理特质与行为特点,从而提升制度的针对性和有效性。例如,现有的信息安全政策主要从组织信息资产的重要性以及维护组织利益的角度鼓励员工的遵从行为,对那些组织认同感和忠诚度较低的员工而言,它并不能起到显著的教育与激励作用。因此,如果在组织政策中强调信息安全违规行为会对员工自身的利益有负面作用,而遵从行为则有可能推动员工的职业生涯发展,就可以强化惩罚与奖励期望对这些低承诺员工的影响。此外,还可以引导组织承诺较高的员工以及与上级关系较好的员工起到表率作用,不仅通过自身良好的合规行为影响周围的同事,同时也监督和鼓励其他员工遵从组织的信息安全政策,切实保护组织的信息资产。

6.6　本章小结

本章基于遵从理论与社会交换理论,探究了组织控制对企业员工信息安全遵从行为的影响机制,并验证了上下级关系与组织承诺在奖惩期望与遵从行为之间的调节作用,为企业员工的信息安全行为管理提供了理论依据与决策建议。本章主要研究结论包括:首先,惩罚期望对员工的信息安全遵从行为有显著的促进作用,但是奖励期望对遵从行为的主效应是不显著的。其次,虽然上下级关系对遵从行为没有显著的直接效应,但是在奖励期望与遵从行为之间起到正向的调节作用。员工与上级的关系越好,奖励期望对信息安全遵从行为的激励作用就越强。最后,组织承诺不仅对员工的信息安全遵从行为有显著的正向作用,还在奖励期望与遵从行为、惩罚期望和遵从行为之间起到显著的负向调节作用。奖励期望和惩罚期望都只在员工的组织承诺水平低时,对遵从行为有显著的正向影响,对于组织承诺水平高的员工而言,两者的作用都是不显著的。

企业员工的压电式信息安全行为管理体现在:首先,变化事件。识别信息安全事件并进行定级分类,违反行为和遵从行为分别对应详细的奖惩机制。其次,态势感知。善用组织承诺水平较高以及与上级关系较好的员工。最后,关键性对齐。在日常工作中关注组织承诺较低和关系质量较低的员工。

第 7 章　压电式信息安全管理:企业篇

7.1　企业篇问题引入

随着《中华人民共和国网络安全法》《中华人民共和国数据安全法》和《中华人民共和国个人信息保护法》等一系列政策法规的公布和实行,网络和信息安全已经成为社会各行业以及学术界关注的热点问题,同时也是国家安全与经济社会稳定运行的关键所在。随着企业信息系统建设的不断深入以及对信息技术依赖性的日益增强,持续增长的网络安全事件让企业的主体防护任务愈加艰巨,很多企业都存在安全预案欠缺与响应速度较慢的问题,信息安全管理体系的建立和完善势在必行。

表 7－1 总结了 2014—2024 年发生在我国企业的典型安全事件,涉及农业、高新科技、物流、金融与传媒等诸多行业。无论是外部攻击还是内部泄露,安全事件一旦发生,就会严重损害企业的社会声誉并直接影响内部业务的稳定运行,造成不可挽回的经济损失。虽然我国已经出台了战略层面的总体性应急预案(李明,2017)——《国家网络安全事件应急预案》,但是在企业实践层面仍然存在进一步优化和细化的空间。

表 7－1　2014—2024 年我国企业的典型安全事件

时间	类型	事件描述
2014 年 4 月	外部攻击	国内某黑客对国内两个大型物流公司的内部系统发起网络攻击,非法获取快递用户个人信息 1400 多万条,并出售给不法分子,造成物流公司重大经济损失

续表

时间	类型	事件描述
2014 年 12 月	外部攻击	黑客利用某购票系统的安全机制漏洞,通过撞库的方式获取了 13 万条用户数据,内容包括用户账号、明文密码、身份证号码、手机号码和电子邮箱等
2015 年 1 月	外部攻击	某论坛数据库存在高危漏洞,多达 2300 万用户的信息遭遇安全威胁。原因在于对用户密码仅使用了简单加密,使得黑客能够快速破解绝大多数密码
2015 年 7 月	内部泄露	某银行职工胡某、李某、王某为牟取非法利益,利用职务便利,通过供职银行的个贷查询系统,非法查询他人银行征信信息 6000 余条,并以每条约 30 元的价格出售
2016 年 5 月	内部泄露	贾某历任某食品公司质量部工程师等职,掌握该公司生产工艺等核心机密信息。贾某利用其掌握的内部资料为新任职公司进行产品研发,造成原公司损失达 1000 多万元
2016 年 6 月	内部泄露	某企业通过内部网巡检发现员工申某私下出售几十万条网站的个人简历,内容包括姓名、身份证号、住址、电话、受教育程度、工作单位、薪资收入等
2017 年 9 月	内部泄露	某生活服务网站的客服人员勾结网络信息贩子,使用客服人员对工作权限获取验证码,盗窃账户贩卖获利,导致 1176 个账户被盗,造成客户损失上百万元
2018 年 2 月	内部泄露	蔡某任职于某公司的“防伪溯源系统”项目专项经理,多次利用职务之便窃取某知名酒企的防伪溯源数据,直接导致该酒企经济损失约 105.7 万元
2019 年 1 月	外部攻击	某知名社交应用软件遭遇千万级的密码撞库攻击,其中上百万账号密码与外部已泄露密码吻合,用户信息安全受到威胁
2020 年 4 月	外部攻击	某传媒公司受到有组织的分布式拒绝服务(DDoS)网络攻击,嫌疑人与网络水军勾结,通过在境外设置服务器,攻击该公司新闻网站,导致该公司官网和应用软件不能正常访问
2021 年 7 月	内部泄露	某企业未按约加强对代理商的安全培训和日常监管,未采取必要的监管和技术措施保护公民个人信息,致使代理商员工利用职务之便泄露了公民隐私

续表

时间	类型	事件描述
2021年11月	内部泄露	侍某起初在A公司担任技术总监一职,每年均签订保密协议。自离职并入职B公司后,侍某违背约定,擅自带走A公司研发的数学模型并提供给B公司使用,侵犯了A公司的合法权益
2022年5月	内部泄露	徐某担任某公司成本总监一职,对该公司的商业秘密负有保密义务。任职期间,徐某违反保密义务擅自向三家投标单位披露项目招投标等商业信息,共涉及该公司7个商业秘密
2022年12月	外部攻击	某车企2021年8月之前的部分用户基本信息和车辆销售信息等超过10万份资料遭黑客窃取,并以泄露数据勒索该企业225万美元等额比特币
2023年1月	外部攻击	某航空公司遭黑客攻击,多位名人会员信息被曝光,除会员编号外,还有会员中英文姓名、出生年月日、电子邮件和手机号码等个人信息,用户个人信息隐私被侵犯
2023年2月	外部攻击	某科技公司信息系统被攻击,导致大量用户信息泄露,黑客非法获取大量公民个人信息,通过拨打骚扰电话、邮寄产品等方式,向受害人进行精准营销
2023年5月	内部泄露	吕某系某科技公司的IT高级工程师,负责该公司网络机房与服务器管理。吕某从公司离职后,使用其原有的管理员账号删除共享服务器磁盘中的数据,导致大量工作数据丢失
2023年11月	外部攻击	某银行在美全资子公司遭黑客勒索软件攻击,导致部分系统中断,股票交易也受到影响
2024年3月	外部攻击	某高新科技企业通过举报受理电话向国家安全机关反映,其正在遭受境外黑客网络勒索攻击,相关信息化系统及数据被加密锁定,生产经营活动被迫停止
2024年4月	内部泄露	朱某原为国内某农业科技公司总经理,与境外间谍情报机关建立所谓的“合作”关系,以“合作制种”的名义,先后向对方违规出售5种亲本稻种,对国家粮食安全造成重大威胁

本章构建了一套基于压电理论的、面向企业实践层面的网络安全事件应急响应体系。信息风险管理领域的压电理论(江明灶,2018)指出,如果企业的安全实践体系可以赋予其面对变化的风险事件不断调整的

能力,那么来自风险事件的负面影响就能被企业的调整举措所消除。换言之,信息安全事件的影响与企业的响应能力以及准备工作呈负相关。基于压电理论的理念,本章为我国企业构建高效的应急响应体系和提升响应速度提供了理论支持;在吸纳和整合国内外应急管理经验的基础上,本章提出了清单式的、具备可操作性的体系构建方案,为企业提供了实践与应用层面的借鉴参考。

7.2 网络安全事件与应急响应

网络安全事件是指发生在网络系统中或者依托网络系统,已经或者将要干扰和危害信息系统基础设施与信息资产完整性、机密性或可用性的事件(张臻 等,2018)。也就是说,无论是否造成实质性的负面影响和损失,也无论是无意的还是恶意的网络攻击、系统侵入和数据泄露等事件,抑或是系统故障和自然灾害,只要威胁到数据或设施的完整性、机密性与可用性,都属于网络安全事件的范畴。应急响应是组织为了应对突发的意外事件而进行的准备工作,以及在事件发生后采取的补救措施(奇安信安服团队,2019),也就是"未雨绸缪"和"亡羊补牢"。网络安全事件应急响应的目的在于保护组织的网络设施、信息系统以及信息资产免受恶意攻击与非法入侵,降低乃至消除安全事件带来的损失和负面影响,并缩短组织业务与系统在遭受攻击后的恢复时间,其实质是通过整合与协调整个组织的资源来应对安全事件。响应的有效性主要取决于组织对网络安全事件的认知,针对安全事件的准备工作和应对措施,以及处理和解决安全事件的速度。

7.3 网络安全事件应急响应:实践经验

2018年9月,隶属美国司法部的网络安全工作组发布了《最佳实践》,旨在指导企业管理者有效预防与应对网络安全事故并降低损失和影响。2014 年 12 月，美国司法部组建了网络安全工作组，下属于网络犯罪与知识产权部。作为提供网络安全咨询与法律指导的核心部门，网络安全工作组旨在协助执法部门有效打击网络犯罪，保护民众和组织的信息隐私。为了实现这个目标，该工作组致力于制定与完善各项网络安全法规和政策，保护企业和机构的计算机系统以及个人用户免受网络攻击的危害。网络安全工作组还广泛接触各类私营企业，以促进合规高效的网络安全实践。

基于联邦调查员、检察员以及私营企业处理和解决网络安全事件的实践经验，《最佳实践》提出了一套应用层面的全过程响应策略，旨在帮助企业和相关从业者预防网络安全事件的发生，减缓攻击扩散，降低事故影响，有效地处理和应对各种突发事件。《最佳实践》指出，任何使用信息系统和连接互联网的组织，都可能成为网络入侵、黑客攻击与数据泄露等网络安全事件的受害者。企业为了保障自身的信息资产安全，应当从事前、事中和事后三个阶段制定全过程的应急响应策略。

7.3.1　事前响应策略

对企业而言，在应对网络安全事件时，最大的挑战是"我们不知道我们不知道什么"。因此，事前的风险评估与响应计划可以帮助企业明晰潜在风险，针对关键环节与薄弱环节"对症下药"，从而有效降低安全事件带来的损失，避免业务停滞，增强企业的运营稳定性。根据《最佳实践》的建议，事前响应策略主要包括以下五个方面。

1. 高管培训与管理层推动

鉴于网络安全活动需要企业各项资源的支持和跨部门的协调，并有可能承担事故发生的责任，通过自上而下的管理层推动才能确保实质性的工作进展。因此，只有管理者深刻认识到风险事件的存在和风险管理的重要性，方能正确、高效地推动企业的应急响应体系建设，面向高管的网络安全培训也就显得尤为重要。企业的管理层需要了解哪些网络威胁和风险事件会干扰组织运作、破坏核心系统与产品、影响消费者与合作者信任,并汲取和采纳成熟的风险管理与应急响应实践经验。例如,某国网络安全工作组推荐以本国国家标准与技术研究院制定的网络安全框架为代表的风险管理实践作为制订响应计划的决策参考。

2. 关键资产识别与风险事件评估

在管理层的支持和推动下,识别组织的关键资产和可能面临的风险事件是事前响应策略中至关重要的一步。由于网络威胁的种类和攻击方式各式各样,企业需要确定准备工作与响应措施保护的重点目标,那就是组织的关键资产。所谓关键资产,是与企业的核心竞争力与商业机密紧密相关的数据、系统、服务以及流程等无形和有形资产。企业应当以关键资产为中心,识别和明晰可能的潜在风险事件。在进行风险事件评估时,不应局限于组织内部,还需要考虑外部的第三方合作者、上下游企业以及其他有业务联系的机构,并将评估重点放在对边界的确定和描述上,因为只有边界的确定才能保证职责范围的确定。最后,根据事件的性质对其进行分类,包括恶意攻击、人因事故以及技术故障等。

3. 网络安全相关的法律问题

在网络安全事件的响应过程中,会涉及一系列复杂的法律问题,处理突发事态的管理决策也有可能引发法律后果。因此,在制订响应计划前,企业需要对相关的法律法规有充分的了解,并积极听取和采纳法务部专员或者外部专家的建议,在合规合法的前提下构建和完善响应体系与决策备案。

4. 制订应急响应计划

波耐蒙研究所的一项调查显示,77%的企业缺乏正式的应急响应计划。也有调研报告指出,只有58%的企业可以在网络安全事件发生后的24小时内确定处于危险状态的组织资产,40%以上的企业需要24小时以上的时间来进行识别与确认,这凸显了应急响应计划对提升响应速度的重要性。企业应当明确一个原则:应急响应中任何可以事先准备的措施都应当出现在事前计划中，从而节省发生事故后宝贵的响应时间。在制订事前响应计划时，首要的原则是可操作性，具体的内容包括但不限于以下方面。

(1)根据安全事件的性质和类别制订对应的响应计划，明确关键节点的完成时限。

(2)应该得到最优先保护的数据、网络系统以及信息资产。

(3)确定各个响应环节中具有决策权的责任人，包括信息沟通与发布、响应方案的执行、与执法部门的对接以及法律问题的解决等，组建内部的应急响应处理团队。

(4)明确各个责任人的联系方式，并制订无法联系时的备选方案。

(5)规划、设计并启用企业内部的网络安全程序，逐步建立网络监控体系。

(6)政府执法部门、信息资产相关的第三方组织(云储存服务商或商业数据中心)、可能受到影响的组织与机构(供应商、客户、合作伙伴等)、信息安全应急响应服务商或其他可以提供协助的机构的联系方式。

(7)使用备份数据的时机与条件。

(8)通知外部机构与组织安全事件信息的时机与条件。

(9)制订演练方案，检验响应计划的可行性。

(10)保持对响应计划的更新，及时反映人员与组织结构的调整变化。

5. 组织政策与响应计划对齐

为了确保响应计划发挥应有的作用，企业应当适当调整和改变组织政策(包括通用的规章制度、人力资源管理和人事政策)，避免制度规定与人员分配的冲突，确保应对事故的技术、系统以及人员各在其位，并将应急响应计划的学习纳入日常的培训和会议中，让尽可能多的组织员工熟悉和了解。为了防止勒索病毒等恶意攻击导致的系统瘫痪，企业需要将应急响应计划做好纸质备份。此外，相关的调研报告显示，80％企业员工的信息系统访问权限都高于完成本职工作的需要，因此组织的人事政策还需要特别防范来自内部员工的威胁,尤其是离职员工。应当及时解除离职员工的网络权限,并对现员工的权限保持监管和动态调整。

6. 与外部组织和机构建立关系

在安全事件发生之前,企业应当主动与政府的执法部门建立良好关系,确保能够在事故发生的第一时间取得联系并获得帮助。此外,与企业数据共通或者有可能受到波及的上下游合作者,企业客户以及云储存服务商等也应该就网络安全协同展开合作,也可以寻求应急响应服务商的帮助。

7.3.2 事中响应策略

即使企业在事前做足了充分的防范,也仍然有可能成为网络安全事件的受害者。因此,在事中应急处置阶段高效而迅速地执行响应计划就成为降低损失和消除影响的关键。《最佳实践》提出了以下五个事中响应步骤。

1. 性质与范围的评估

当网络安全事件发生时,首先需要对其本质和范围做一个初步评估,确认它是一个恶意攻击、人因事故还是技术故障,或是一个多因素的复杂事故,然后根据事件的种类启用对应的响应计划。

2. 启用频带外通信系统

在安全事件发生时,企业不应使用遭受攻击的组织系统进行网络通信,应尽可能启用频带外的通信系统,并使用加密形式来发布或者传达安全事件的处理信息,避免被入侵者劫持或利用。为了避免成为利用人性弱点建立诱饵来突破防御、诱导目标泄露信息或进行恶意侵入的这类社会工程学攻击的受害者(张雪芹 等,2019),企业需要警惕来自未知 IP 或者未确认意图的安全事件问询,向执法部门提供信息的同时保持追踪监控可疑的问询请求。

3. 执行响应计划

在明确了事故类型和启用频带外通信的基础上，企业应当迅速执行既定的响应计划。首先应该采取一系列紧急措施来防止局势进一步的扩散和恶化，例如重置网络通信、阻止针对服务器的攻击、隔离受损系统等。根据安全事件的性质、范围以及严重程度，依照事前制订的响应计划组建应急响应处理团队，包括高层管理人员、信息技术人员、物理安全协调员、通信或公共事务人员以及内部的法律专员和外部的法律顾问等。值得注意的是，并不是所有的安全事件都需要调动所有的组织资源进行应对，不同类型的事故需要的人员构成也各不相同。此时就凸显了事前计划的重要性：如果企业在事前响应中针对每一种类型的安全事件规划好对应的人员配置，就会在事中阶段争取到宝贵的响应时间。

4. 保存和收集信息

当网络安全事件发生时，企业应该立即展开所有相关信息的记录和收集工作，包括但不限于以下几方面。

(1)对受损的系统第一时间进行“取证图像”的记录。所谓取证图像，是指对电子设备上的数据进行精确的逐位复制，也就是对某一时间节点的系统进行的完美快照，可供事后分析所用，并成为刑事审判阶段的证据。

(2)如果企业没有在受到攻击和入侵的系统上启用日志，应当立即启用或者增加服务器中日志文件的默认大小，以防止重要文件与信息被覆盖或泄露。企业应当尽量避免受损系统的信息被擦除或覆盖，这些数据对事后分析和调查攻击源头至关重要。

(3)记录所有的攻击行为、被泄露的信息以及安全事故造成的所有损失，从而作为后期的刑罚定罪以及追偿的依据。

(4)企业应该详细记录应急响应阶段所采取的所有步骤，并保存所有的登录、访问记录以及与事故相关的所有其他数据。

(5)对尚未受到影响的系统以及文件使用全新介质进行备份，尽可能使用二进制或者按位备份(薛丽敏 等,2019)。

5. 联系外部组织和机构协作应对

如果企业在响应过程中获取了泄露数据的位置或网络攻击的来源地址,应在第一时间与政府的执法部门取得联系,然后根据安全事件发展态势与处理结果,及时与外部的组织或机构合作,并通知可能波及的组织关于事故的最新情况与可能的影响结果,必要时进行协同响应。

7.3.3 事后响应策略

作为应急响应体系的最后一环,事后响应策略主要专注于网络安全事件的收尾处理与总结反馈工作,是构建闭环管理体系的关键步骤。

1. 保持监视异常事件

即使信息安全事件已经解决,或者事态已在掌控之中,企业仍然应该保持警觉。过往的经验表明,很多被入侵过的系统会遭遇二次攻击,即使已经解决了当前已知的系统漏洞,也不能保证没有其他的薄弱环节。因此,企业应当继续监测组织系统中的异常活动,谨防被再次入侵或者攻击。

2. 事后回顾与总结反馈

企业从安全事件中恢复过来后,应当总结和分析在应对过程中所暴露的薄弱环节,切实提升系统的安全防护等级,加强和第三方组织或机构的合作,采取针对性的措施来防止类似事件再次发生。

3. 调整和改进响应计划

在总结反馈的基础上,企业应当做一个全面的复盘和调整,评估先前制订的响应计划的优点与不足,反思执行计划时的经验教训并对计划进行修改和完善,最后制订出新版本的应急响应计划,从而形成完整的闭环体系。

7.4　压电理论与应急响应

7.4.1　压电理论的内涵

本章应用了风险管理领域中的压电理论(piezoelectric theory)来构建适用于中国企业的网络安全事件应急响应体系。压电理论是在多年的企业实践过程中提炼出的信息风险管理的理念与方法,核心内涵是强调风险事件的不确定性与企业响应能力的重要性,认为风险导致的负面影响与企业面对风险事件不断调整的响应能力呈负相关关系。该理论名称中的"piezo"源于希腊词汇"piezein",原意是挤压,压电理论也正是源于压电式传感器受到外力挤压时的特性:当有外力作用时,传感器内部的电荷会移动到对应的表面(正负电荷分别移动聚集到一侧);当外力消失的时候,传感器又会恢复初始不带电的状态。换言之,压电式行为的本质就是通过内部状态的变化(电荷移动)来响应外力的作用。在外部施加压力时,压电式行为可以归纳为三个状态:挤压(squeeze)、触发(trigger)和对齐(alignment);当压力消失时,则是放松(relax)、触发(trigger)和无对齐(de-alignment)。

7.4.2　压电式应急响应的核心要素

在没有安全事件(外力)时,企业中的员工以及组织体系正常运转,就如同正常状态的压电式传感器;当安全事件发生时,一个高效的响应体系会让企业员工或处理指令如同电荷一般迅速聚集到事发的关键节点,协调和整合内部资源来应对突发事件。随着安全事件的解决(外部压力的释放),企业通过总结反馈,对风险事件有了更深的认知,又会回归到正常的工作状态。如图 7－1 所示,如果将压电式行为类比到企业的组织系统,就可以归纳出压电式应急响应的三个核心要素(江明灶,2018),即变化事件(change events)、态势感知(situation awareness)以及关键性对齐(critical alignment)。变化事件是指通过检测和识别可能的风险诱因,界定对组织具有实质性威胁的网络安全事件;态势感知强调增强对网络安全事件的感知能力,通过准备就绪的系统(人员、制度与技术)高效响应和解决网络安全事件;关键性对齐着眼于调整和协调企业中的人员、制度与技术,重点关注影响业务运作与核心利益的关键资产,从而确保组织业务的连续性与损失的最小化。

正如上文提到的决定应急响应有效性的三个因素——对安全事件的认知、准备工作和应对措施以及处理和解决安全事件的速度,压电式应急响应的三个特征正是契合了这三个关键点。变化事件意味着企业需要提前识别与检测可能的风险诱因和安全事件,即使安全事件的类型和攻击方式都在不断变化,其本质的风险诱因是一致的,这就需要企业结合自身情况加深对网络安全事件的认知。态势感知的能力代表着企业应对和解决安全事件的速度,关键性对齐的核心是调整和协调组织资源集中于关键资产,不仅引导和优化了企业的准备工作与应对措施,同时也间接提升了企业对安全事件的认知和响应效率。

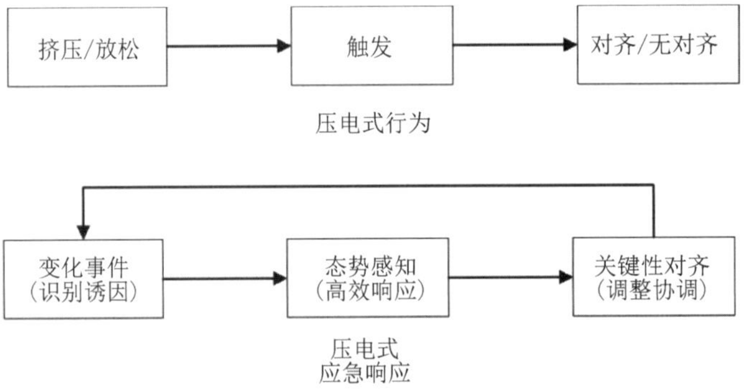

图 7-1　压电式行为与压电式应急响应

7.4.3　压电式应急响应的核心导向

值得指出的是,在企业中构建压电式应急响应体系与企业追求经济效益的目标并不冲突,因为关键性对齐以企业的商业绩效为核心导向,整个响应体系构建的宗旨也是保障企业的核心资产以及业务连续性。因此,企业在构建应急响应体系的过程中付出的资源与人力,都会转化为无形资产和制度优势,并保障企业的业绩增长。

7.5　基于压电理论的应急响应体系

7.5.1　体系构建

基于压电理论并结合我国企业管理现状,本章构建了一套适用于我国企业的压电式应急响应模式,如图 7－2 所示。企业在应对网络安全事件时,如果要像压电式传感器那样高效运转,就需要在事前、事中和事后的三阶段全过程管理的基础上,以变化事件、态势感知与关键性对齐作为行动导向,构建高效和闭环的压电式响应体系。在事前响应阶段,变化事件是企业关注的重点,态势感知主要在事中阶段发挥作用,关键性对齐的策略则是贯穿事前、事中和事后三个阶段。

事前响应是压电式响应体系中最关键,也是需要投入最多的一环。在管理层的推动下,企业要完成对风险诱因以及安全事件的识别(变化事件),然后确定组织最重要的资产,在合规合法的基础上围绕关键资产制订响应计划,并通过协调和调整组织的政策制度促进两者对齐(关键性对齐),确保与外部组织和机构建立关系,保证需要时可以迅速获取帮助(态势感知)。在安全事件发生阶段,在对安全事件进行性质评估的基础上(变化事件)启动频带外的通信系统,然后根据事件的类型迅速启动对应的响应计划,在记录和收集相关信息的同时联系外部组织协同应对(态势感知),充分调动所有可能的资源来保障组织的关键资产与核心业务(关键性对齐)。在事后阶段,组织应当在保持监控异常事件的基础上,进行回顾与经验总结,进一步调整和优化组织的响应方案(关键性对齐),从而形成完整的闭环响应体系。

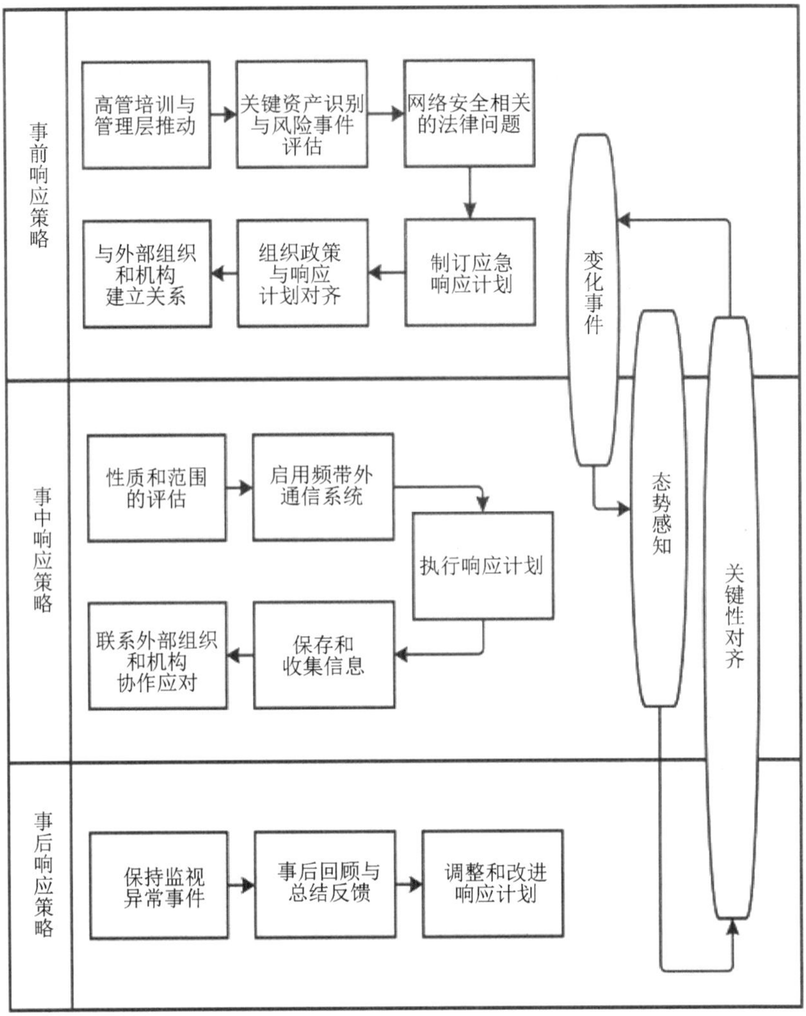

图 7-2　基于压电理论的应急响应体系

7.5.2　与传统应急响应体系的比较

基于压电理论的应急响应体系与传统体系的差异主要体现在三个方面。首先,核心导向差异。传统的应急响应体系以降低网络安全事件的负面影响与提升企业合规性为主要目标,但是压电式应急响应体系以保障企业的商业绩效为核心导向,更加契合现代企业的运营宗旨,也就是用最小的成本实现业务目标并保持业务连续性。其次,响应策略的差异。传统的应急响应体系主要强调全过程闭环管理,压电式强调关键性对齐的响应策略,将企业的人力资源与技术整合调配到最关键的系统与最薄弱的环节,更加符合现代企业的管理理念。最后,防护逻辑的差异。传统的应急响应体系主要通过提升和优化防御手段来确保组织的信息资产安全,但由于风险的未知性和内外环境的不确定性,防护手段的优化升级往往跟不上风险事件的变化,因此压电理论强调提升组织面对未知风险的响应能力来抵消潜在的负面影响,更适用于当前复杂多变的网络环境。此外,由图7-2可知,基于国内外实践经验的应急响应策略蕴含着压电理论中风险事件、态势感知与关键性对齐的理念,压电理论也已经广泛应用于亚太地区的多个国家与组织,其核心理念已在企业的实践活动中得到验证(江明灶,2018),充分体现了压电理论应用于应急响应体系的适用性与可行性。

7.6　对企业的启示

7.6.1　提升企业管理层对网络安全的认知

国内外实践经验表明,管理层的重视和推动对应急响应体系的构建至关重要。鉴于网络安全事件的多样性、复杂性与不确定性,如果企业高管对网络安全以及应急响应没有足够的认知和重视,企业的应急管理往往只是纸上谈兵或者流于形式。因此,应该鼓励和倡导面向企业管理层的网络安全教育和培训,并建立完善对企业高管的约谈机制。此外,鉴于针对企业网络安全行为的激励机制尚不完善(马民虎,2016),可以考虑通过赋予企业荣誉称号、研发补贴、网络安全建设补贴等激励手段来鼓励企业高管关注网络安全应急响应体系的建设。

7.6.2 引导企业建立全过程应急响应体系

企业应该建立全过程的、闭环式与清单式的应急响应体系，其优点主要体现在三个方面。首先，根据事前、事中和事后三个阶段制定不同的响应策略，这样更有利于安全事件的识别与处理，最大限度地降低和消除其负面影响。其次，闭环的特性可以让响应计划在系统反馈与经验总结的基础上保持更新和优化，从而有效应对不断变化的安全事件。最后，清单式的准备步骤与响应策略确保了响应体系的实用性与可操作性。

7.6.3 倡导企业践行关键性对齐的响应策略

作为压电理论的关键要素之一，关键性对齐是压电式应急响应体系的核心策略。从压电理论的视角来看，企业应对安全事件的关键是调整和协调组织内部资源应对变化事件的能力，也就是关键性对齐的能力。所谓对齐，是指通过调整与协调，令有偏差的两种系统或者状态趋同或统一。关键性对齐的响应策略主要体现在三个方面：首先，企业的保护重点与关键资产的对齐；其次，企业响应计划与组织政策的对齐；最后，企业的响应体系和薄弱、关键环节的对齐。

7.6.4 为企业提供专业的法律服务与指导

值得注意的是，《最佳实践》着重强调了合规合法与法律服务对企业应急管理的重要性，并建议企业聘请专门的网络安全法律专员或外部顾问。我国网络安全相关的法律法规虽起步较晚，但是近年来也在逐步完善和健全。然而，由于一系列相关的法案都是在较短的时间周期内发布的，或尚处于公开征求意见的阶段，很多企业并不能及时了解和践行相关的法规，这就凸显了提供专业的法律指导与服务的重要性。政府部门可以通过法律宣讲会、免费法律咨询专线、搭建线上法务咨询平台、协助企业进行网络安全法规培训等形式，确保应急响应体系的建设在合规合法的框架内展开。

7.6.5　促进企业与政府机构的协同响应

国内外的实践经验再三强调了政府执法部门在企业应急响应过程中的重要性,企业和政府部门的合作对提升响应的有效性大有裨益。因此,我国应考虑建立网信部门、电信主管部门、公安部门以及其他相关部门与企业对话合作的通道,这样一方面可以给予企业专业的指导,另一方面可以从企业获取安全事件的信息数据以及处理经验,从而促进我国实践层面的应急响应预案出台。我国的政府机构可以与知名大型企业构建网络安全应急响应的信息共享机制(陈美,2014),鼓励企业向政府机构汇报和上传与安全事故有关的数据及处置流程,相关机构对数据信息进行统筹分析后,同法律服务信息等一并在网络共享平台发布,为更多的企业提供具有可操作性和实用价值的应急响应指导。

7.7　本章小结

本章总结和梳理了 2014—2024 年在我国企业发生的典型安全事件,指出持续增长的网络安全事件让企业的主体防护任务愈加艰巨,很多企业都存在安全预案欠缺与响应速度较慢的问题,信息安全管理体系的建立和完善势在必行。通过对《最佳实践》进行文本分析,本章从事前、事中和事后三个阶段解读了国内外的应急响应实践经验,并结合压电理论中变化事件、态势感知与关键性对齐的视角,构建了适用中国企业的网络安全事件应急响应体系,其中蕴含的全过程管理与关键性对齐的响应策略为我国企业的信息安全管理提供借鉴与参考。值得指出的是,本书将网络安全视为信息安全的子域,本章提出的网络安全事件应急响应体系是压电式信息安全管理体系的重要组成部分。

第 8 章　信息安全行为的政企对比研究

8.1　问题引入

在大数据时代，政府和企业愈发依赖于信息技术与信息系统，如何在严峻的网络环境下保护信息资产安全已经成为至关重要的管理问题。当前，中国的政府部门以及以 IT、金融、制造与通信行业为代表的企业组织已成为信息安全事件多发的“重灾区”，急需增强相关人员的信息安全意识并有效提升信息安全管理水平。自 2018 年起，我国政府部门与企业进入了数字化转型阶段（奇安信，2021），大数据已经开始应用于企业的运营决策，政务云在全国的政府部门也得到了广泛使用。数字化转型在助力政企提升业务运行效率的同时，信息技术与政企业务的深度融合也带来了更多的威胁，信息安全事件一旦发生，其蕴含的风险将等同于政企的业务运行风险，后果将是破坏性甚至是灾难性的。例如，企业的商业数据泄露将导致严重的经济损失，而政府部门的政务信息泄露更将引起难以估计的社会影响。值得注意的是，大多数的信息安全事件都源于内部员工的不当行为（Gordon et al.，2006）。因此，政企组织在建立和优化信息安全管理体系的过程中，更需要从人的角度入手解决员工的信息安全遵从问题。

目前，虽然越来越多的学者开始关注内部员工的信息安全遵从行为，但是其研究主要集中于企业的组织环境，以政府工作人员为样本的研究相对较少（Liu et al.，2020）。在信息安全遵从的背景下，现有的对比研究主要关注员工性别差异以及国家的文化差异(Hovav et al., 2012; Crossler et al., 2019),聚焦政府与企业差异的研究尚处空白。坎贝尔等(Campbell et al., 2010)指出,政府与企业之间存在显著的系统性差异,不宜应用相同的模式或者方法对两者进行 IT 治理。由于政府与企业在控制环境、管理模式、组织氛围与组织成员特质等方面存在较大差异(Frank et al., 2004;Lyons et al., 2006; Van et al., 2008),从企业样本中归纳出的信息安全管理实践经验,并不一定适用于政府工作人员,反之亦然。因此,政府与企业应当根据自身组织特性与组织成员的特点,实行差异化的信息安全管理。在这样的现实需求下,进一步凸显了政企对比研究的重要性。本章研究内容不仅填补了信息安全行为领域的研究空白,同时也为政府和企业的信息安全管理提供了针对性的实践建议。

为了确保组织的信息资产安全,无论是政府还是企业都会制定信息安全政策来指导和规范组织成员使用信息系统与信息资源的行为(Cram et al., 2019)。然而,由于组织成员与组织的利益或目标并不一致,只有采取组织控制的方式才能确保信息安全政策的有效性(Liang et al., 2013)。组织控制是组织管理者为了达成组织目标,通过管理组织成员行为而进行的一系列控制行动。控制可以划分为正式控制与非正式控制。正式控制是指通过章程化的要求和制度来明确组织期望的行为并通过奖励与惩罚来约束组织成员的行为。对应地,非正式控制是指使用非书面化与章程化的组织价值观与社会规范来促进组织成员的遵从行为。如图 8-1 所示,本章基于组织控制与社会规范理论,探究正式控制与非正式控制手段对政企组织成员遵从行为影响的差异。需要指出的是,本章所研究的政府工作人员,均来自非营利性质的市级与县级地方政府,涉及的企业员工均来自营利性质的私有大中型企业,主要分布于 IT、金融、制造以及通信等行业。

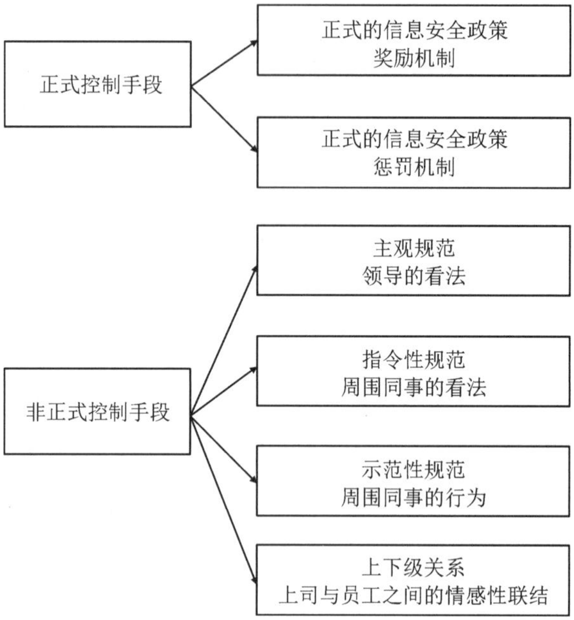

图 8－1　正式控制手段与非正式控制

正式控制与非正式控制往往在组织中同时存在(吕鸿江 等,2020),因此本章同时考虑了这两种控制手段的影响,更贴近政企组织的管理实践。正式控制可以进一步细分为基于结果的正式控制与基于行为的正式控制。结果控制是一种评估组织行为结果的管控方法,基于员工的行为结果或业绩水平进行奖惩;行为控制则是一种监控员工是否遵从信息安全政策要求的控制手段,主要采取监控的方式,例如通过监控信息系统查看员工的活动日志、追踪员工的网络使用情况和检查员工电子邮件的回复内容等。由于行为控制在政府乃至企业中应用的范围较窄,且引起过侵犯员工隐私的争议(Ahmad et al., 2019),因此本书主要聚焦于基于结果控制的、使用奖励与惩罚的正式控制手段。参考遵从理论(Etzioni, 1975)对控制手段类型的定义,本章所关注的非正式控制手段主要基于非书面化与章程化的组织价值观与社会规范,也就是基于社会规范理论(theory of social norms)的三种规范,即主观规范、指令性规范与示范性规范。主观规范是个体决定是否做某事时,感知到的来自他人的期望与压力，参考 Yazdanmehr 等(2013)的研究，在信息安全遵从的背景下将其引申为“领导对信息安全遵从的看法”；指令性规范是对特定的行为，个体感知到的周围人认为应该怎么做的道德准则，在此引申为“周围同事对信息安全遵从的看法”；示范性规范是在特定的情境下，个人感知到的周围其他人的做法，在此引申为“周围同事的信息安全遵从行为”。此外，在中国的组织环境中，上下级关系作为一种上司与下属之间非正式的交换(Miao et al.，2020)，被视为中国组织中正式制度的非正式补充(Xin et al.，1996)，也是属于非正式控制的有效手段，因此也将上下级关系加入了对比模型之中。综上，本章试图解决如下的研究问题：正式与非正式控制手段对政府工作人员信息安全遵从行为的作用效果是否不同于企业员工？如果是，哪些控制手段更适用于政府，哪些又更适合企业？

8.2　研究假设与研究模型

无论是政府还是企业，组织成员的信息安全行为管理都已经成为关键的战略问题(Parsons et al.，2014)。有研究指出，在信息安全的背景下，正式控制广泛应用于企业的组织环境中，但是在政府环境下的应用却不够深入(Liu et al.，2020)。因此，如果将具备正式信息安全政策的企业视为强正式控制环境，对应的政府就可被归类为弱正式控制环境。与企业所制定的体系化的信息安全政策(奖励遵从行为，惩罚不遵从行为)相比，政府部门的信息安全政策通常较为松散和概括(Liu et al.，2020)。换言之，两者的本质差异在于奖惩机制的完善程度与应用深度。根据霍明奎等人在政府公务员群体中进行的深度访谈(霍明奎 等，2019)，虽然针对信息安全行为的奖惩制度存在于政府的组织环境中，但是对奖励的条件没有做具体的规定，惩罚的实施主要根据事件的严重程度、涉密级别和当事人的级别，也就是只制定了较为宏观与原则性的惩罚规则，没有细化到具体的行为。然而，在本章所调研的大中型企业中，对员工使用信息系统的行为有明晰而细致的规范要求,会根据实际的遵从情况对模范员工进行奖励,对违规员工进行惩罚。例如,对不遵从行为的惩罚往往包括罚款、批评、降低绩效考核的等级,甚至会影响晋升的考评。除过惩罚机制以外,很多企业还重视奖励的积极引导作用,如简伯特公司就通过E-mail通报表扬的方式,对在抽检过程中遵从信息安全政策的员工进行鼓励,同时会根据员工遵从情况发放积分,员工可以使用积分来换取奖励(陈昊 等,2016)。更关键的是,很多企业都设有负责信息安全管理的领导、专员甚至部门,但是对政府而言,组织内部普遍缺乏负责信息安全管理的专员(李红, 2019),因而也很难保证具体的奖励与惩罚机制的及时有效执行。Buelens 等(2020)的调查研究也证明,与企业员工相比,政府工作人员受奖励与惩罚这样的外部因素影响的程度相对较低。由于制度环境的不同,奖励期望与惩罚期望对政府工作人员与企业员工的影响也自然会存在差异,奖励期望的激励作用与惩罚期望的威慑作用对企业员工的效果将更为显著。因此,本章提出:

假设 1:奖励期望对企业员工信息安全遵从行为的影响强于对政府工作人员的影响。

假设 2:惩罚期望对企业员工信息安全遵从行为的影响强于对政府工作人员的影响。

在本章中,示范性规范被定义为“周围同事的行为”,也就是在特定的情景下,个人对周围其他人如何行动的感知(Yazdanmehr et al., 2016)。根据社会学习理论的观点,人们在社会生活中往往会学习和模仿周围人的举动,也就是模仿自己周围默认的或者已成为惯例的行为举止,在这个过程中个人经常会产生从众性的压力,使得人们的行为趋于一致(李文立 等, 2018)。在信息安全的背景下,如果某位员工周围的同事在工作中都严格遵守信息安全政策的要求,那么该员工在同伴压力的驱使下,也很有可能做出相同的行为。对于企业而言,由于存在激烈的业绩压力与竞争压力,员工对周围同事的行为往往比政府工作人员敏感(Campbell et al., 2010),很多企业的绩效考核都根据全员的表现进行排名打分，而政府工作人员却往往没有这样的考核压力与同伴压力。Van 等(2008)的调研指出，对企业员工而言，在工作中最看重的价值观念是收益(profitability)，也就意味着他们在行为决策时，最关心的是获取经济收益或者其他形式的报酬的可能性与程度，对与经济收益挂钩的绩效考核会更加敏感。正因为有严格的绩效考核与互评打分等正式制度的存在，企业员工更有可能因为周围人的遵从行为而感到压力，进而也会遵从相关的要求。但是对政府工作人员而言，并没有类似的压力。因此，本章提出：

假设 3：示范性规范对企业员工信息安全遵从行为的影响强于对政府工作人员的影响。

指令性规范是个人关于周围其他人对某行为赞成与否或者应该怎么做的感知，在本章的情境下是指“周围同事的看法”。先前的实证研究已经验证，指令性规范可以有效预测组织员工的信息安全政策遵从行为意图(Yazdanmehr et al.，2016)。相较于企业，政府部门更注重文化以及价值观层面的建设与推广活动，积极向上类型的价值观念(例如无私奉献、不忘初心、艰苦奋斗等)在政府部门中广受推崇(Kroll et al.，2019)，政府工作人员往往更容易受到组织氛围与周围同事观念的影响(Almindeel et al.，2020)。Frank 等(2004)针对政府工作人员与企业员工的差异进行了调查研究，结果发现，相较于企业员工关注更高的收入和更好的工作机会，政府工作人员认为他们的工作更有意义，工作为其提供了更多的机会来帮助他人，并且对社会是有益的。由此可见，组织性质的差异，也就是营利性与非营利性导致了政府工作人员和企业员工对待工作的看法以及所秉持的价值观念都存在较大的差异。Van 等(2008)的调研指出，对政府工作人员而言，在工作中最看重的价值观念是承担责任(accountability)，也就意味着他们的行为要满足利益相关者的需求，并承担相应的责任。对秉承这样价值观的政府工作人员而言，会更容易接受组织所普遍认可的观念，或者大多数人所赞许的行为，例如信息安全遵从行为。如果某位政府工作人员周围的人都认为保护组织的信息资产是义不容辞的责任,那么在"承担责任"价值观的驱使下,该工作人员就更倾向于遵从组织的信息安全政策。此外,已有实证研究发现,良好的组织氛围会降低政府工作人员在使用信息资源时不安全行为的可能性(李文立 等,2018)。因此,本章提出:

假设 4:指令性规范对政府工作人员信息安全遵从行为的影响强于对企业员工的影响。

主观规范是指当个体在特定情景下决定是否做某事时,感知到的来自他人的社会压力。有学者指出,主观规范代表了与组织利益项目或者与组织目标一致的认知(李文立 等,2018)。主观规范与指令性规范的区别在于,主观规范强调的是领导等重要人物,而指令性规范指代的是一般人群或者周围的大多数人。在本章的情境下,主观规范是指"领导的看法"。考虑到政府与企业在社会职能与权威性上的区别(Campbell et al.,2010),政府领导的观念往往代表主流的价值观,而企业领导往往没有这样的威权形象。此外,对政府工作人员而言,领导的评价对未来的升迁与发展至关重要(赵立波 等,2005),因此政府工作人员往往更加重视和在意领导的观念与看法,会更愿意做领导认为对的事来获取领导的认同。如果领导认为信息安全对组织至关重要,遵从信息安全政策的行为是值得鼓励的,政府工作人员就更有可能通过保护组织信息资产的行为来获得上级的认可。在企业中,员工更注重效益和经济报酬,升迁的考核虽然与领导相关,但更多以业绩考核为主。因此,领导的观念与看法对政府工作人员行为的影响会相对更大,所以主观规范对信息安全遵从的影响也会更强。因此,本章提出:

假设 5:主观规范对政府工作人员信息安全遵从行为的影响强于对企业员工的影响。

所谓上下级关系,是指上司与下属之间基于利益互惠原则建立的非正式的社会交换关系,促成和解释了上下级双方在交往互动时的心理动因以及行为预期(郭晓薇 等,2018)。上司在上下级关系中处于绝对的主动地位,因此也有学者将上下级关系视为组织正式制度的非正式补充

(Xin et al., 1996)。考虑到政府与企业的组织属性差异(Campbell et al., 2010),政府的领导者往往比企业管理者拥有更大的权力,同时也在组织中掌有更大的话语权,特别是职务晋升和人事升迁等关键性职权。赵立波等(2005)的调研显示,在影响政府工作人员职务升迁的因素中,"关系"被调查者选择的频率位居第一。由此可见,在政府的组织环境中,上下级关系对政府工作人员的影响程度往往会高于企业员工,政府工作人员受益于良好的上下级关系时,作为回报,他也会更加遵从组织关于信息安全的要求与制度。此外,在实证研究的证据方面,有研究发现上下级关系对企业员工的信息安全遵从行为没有显著的直接影响(刘晨晖 等, 2021),但是 Liu 等(2020)的研究证实了上下级关系对政府工作人员的信息安全遵从行为有显著的正向影响。因此,本章提出:

假设 6:上下级关系对政府工作人员信息安全遵从行为的影响强于对企业员工的影响。

综上所述,本章提出了如图 8-2 所示的研究模型。在政府工作人员与企业员工两组样本中,基于正式控制与非正式控制的视角,使用

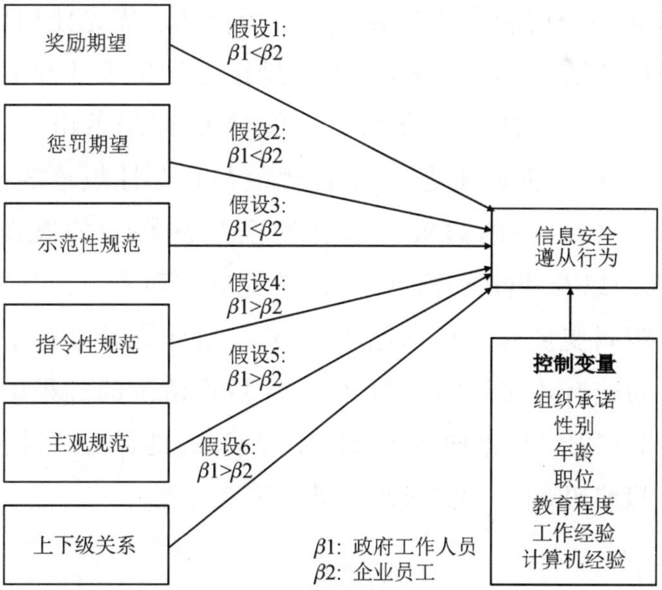

图 8-2　研究模型

了奖励期望、惩罚期望、示范性规范、指令性规范、主观规范以及上下级关系作为直接影响信息安全遵从行为的前因变量,同时根据先前的实证研究经验,选取了组织承诺、性别、年龄、职位、教育程度、工作经验和计算机经验作为控制变量,主要探究上述前因变量在政府工作人员与企业员工的样本中,对信息安全遵从行为影响是否存在显著性的差异。

8.3 研究设计与研究方法

8.3.1 变量测量与问卷设计

本章使用问卷调研的方法来收集数据和检验假设。设计了上下两份问卷,问卷上包含研究背景与构念解释、控制变量、上下级关系以及信息安全遵从行为的测量,问卷下测量了组织承诺、奖励期望、惩罚期望、主观规范、示范性规范与指令性规范。如表 8-1 所示,本章主要采用了 8 个构念,使用 7 分的利克特量表对其进行评估。优先使用已经被检验和广泛使用过的量表进行测量,或者在最接近的量表基础上进行修改。上下级关系的测量源自 Law 等(2000)的量表,组织承诺的项目改编自 Gamble 等(2008)。主观规范、示范性规范与指令性规范的量表均来自 Yazdanmehr 等(2016)的研究。信息安全遵从行为的观测变量根据 Chan 等(2005)以及 Tyler 等(2005)的研究修改而来。信息安全遵从行为的第三个观测变量属于反向题项(CB3),在计分时进行了反向处理,同时也作为筛选有效问卷的依据之一:在数据清洗的过程中,删去了反向题项的评分(CB3)与正向题项 (CB1 和 CB2)的评分一致的样本。性别使用了虚拟编码,用 1 代表男性,用 2 代表女性。

表 8-1　研究测度量表

潜变量	编码	观测变量	来源
遵从行为（CB）	CB1	我在工作中总是遵从组织信息安全政策的要求	Chan 等（2005）；Tyler 等（2005）
	CB2	我从来没有违反过组织的信息安全政策	
	CB3	为了方便，我会经常忽视组织信息安全政策的规定	
上下级关系（SSG）	SSG1	在工作时间之外或节假日，我会打电话给我的上司或拜访他（她）	Law 等（2000）
	SSG2	我的上司会邀请我去他（她）家共进午餐或晚餐	
	SSG3	在特殊的日子里（例如上司的生日），我肯定会拜访我的上司	
	SSG4	我总是会主动地与我的上司分享我的想法、问题、需要和感受	
	SSG5	我很关心并且很了解我上司的家庭与工作情况	
	SSG6	当组织内部产生意见分歧时，我会坚定地支持我的上司	
奖励期望（RE）	RE1	如果我遵守信息安全政策，我将会得到奖励	Liang 等（2013）
	RE2	如果我遵守信息安全政策，我的上司将会称赞我	
	RE3	如果我遵守信息安全政策，我的上司将会给我积极的反馈	
	RE4	如果我遵守信息安全政策，我的上司会让他（她）的上级或是其他人知道	
惩罚期望（PE）	PE1	如果我没有遵守信息安全政策，我的上司将会指责我	Liang 等（2013）
	PE2	如果我违反了信息安全政策，我将会受到上司的惩罚	
	PE3	如果我没有遵守信息安全政策，我的上司将对我进行口头批评	
	PE4	如果我没有遵守信息安全政策，我的上司将会表现出不满	

续表

潜变量	编码	观测变量	来源
组织承诺（OC）	OC1	我认同组织的价值观	Gamble 等（2008）
	OC2	我对组织非常忠诚	
	OC3	我以在我的组织工作而感到自豪	
示范性规范（DN）	DN1	我相信组织中的其他员工都遵守了信息安全政策	Yazdanmehr 等（2016）
	DN2	我认为组织中的大多数员工都遵守了信息安全政策	
	DN3	我确信组织中的其他员工都遵守了信息安全政策	
指令性规范（IN）	IN1	我相信组织中的其他员工会因为他们没有遵守信息安全政策感到尴尬	Yazdanmehr 等（2016）
	IN2	我相信组织中的其他员工会因为他们违反信息安全政策感到羞愧	
	IN3	我相信组织中的其他员工会因为他们违反信息安全政策感到内疚	
主观规范（SN）	SN1	我的上司认为我应该遵守组织的信息安全政策	Yazdanmehr 等（2016）
	SN2	组织中的高层管理者或领导班子认为我应该遵守组织的信息安全政策	
	SN3	组织中主管信息安全的部门或领导认为我应该遵守组织的信息安全政策	

8.3.2 试测

在问卷初步设计完成之后，首先邀请两名实证调查研究方法经验丰富的高校教授以及一名相关行业的信息安全管理专家组成审查小组，根据他们的建议对问卷的表达方式与遣词造句进行斟酌修改，以保证测量题项的准确性和情景的适应性。同时，尽量不在问卷中出现难以理解的术语，从而减少对被试者心理偏好造成的影响。术语不得不出现时（例如信息安全政策），会配有通俗易懂的解释与贴近生活的例子，从而确保问卷是简洁易懂的。由于本章的研究重点是政府与企业的比较，因此在政府机构与企业组织各进行了一次试测，分别是某省一家地方政府机构以及一家 IT 公司（有正式的信息安全政策）。分别邀请了政府工作人员与公司员工各 30 名进行试测问卷的填写，并听取他们的反馈意见。在填写问卷的过程中，对测量题项或构念解释有不明白或不理解时，被试者可现场向研究者提问，以确认问卷被试者对问卷的理解与本章想要试测的概念意义相同，同时所有提出的问题都会被一一记录，并体现在最终问卷的修改过程中。试测结果发现，上下级关系的前三个测量题项(SSG1，SSG2 和 SSG3)以及奖励期望的第四个测量题项(RE4)因子载荷较低，结合被试者的建议并与专家小组讨论后，删除了这四个题项，完善和精炼了其他测量项目的表达，从而得到了最终的问卷版本。

8.3.3　数据收集

本章的数据收集工作分为两个阶段，分别是收集政府工作人员数据和收集企业员工数据。第一阶段，在某高校的教育培训基地进行问卷发放，对象仅限于政府工作人员，主要来自全国各地市和区县的组织部、宣传部、统计局以及财政局等政府部门，并在课堂上对参与培训的工作人员进行现场确认。培训课程开始之前，被试者填写问卷上，在 4 个小时的课程结束后，再完成问卷下的填写。第一部分研究累积发放 400 份问卷，回收了 295 份完整问卷，回收率为 73.8%；得到有效问卷 265 份，有效率为 66.3%。第二阶段，同样是在某高校的教育培训基地进行问卷发放，对象仅限于制定了正式信息安全政策(包含奖励与惩罚机制)的企业，分布于全国各地的 IT、金融、制造以及通信等信息化程度较高且信息安全事件频发的行业，具有充分的样本典型性与代表性。在问卷的收集过程中，在课堂上对参与培训的员工进行现场确认，同时在问卷首页对信息安全政策与信息安全行为进行定义和解释，然后设置了问项来确认员工所在公司是否制定了明晰且正式的信息安全政策，通过这两次筛选后的作答方可作为有效问卷。培训课程开始之前，被试者填写问卷上，在 4 个小时的课程结束后，再完成问卷下的填写。第二阶段研究累积发放 500 份问卷，回收了 335 份完整问卷，回收率为 67.0%；得到有效问卷310份,有效率为62.0%。

整合上述两个阶段的样本,本章使用的数据一共包含575份来自政府与企业人员的有效问卷,其中男性占60.0%,女性占40.0%;20～29岁占26.8%,30～39岁占31.5%,40～49岁占30.3%,50～59岁占11.5%;92.5%的被试者拥有本科及以上学历;拥有5年及以上工作经验的被试者占67.7%,工作经验不足5年的被试者占32.3%;平均拥有计算机使用经验的年限为14.4年;被试者主要来自政府部门和不同行业,其中政府部门被试者占46.1%,IT行业被试者占23.1%,金融行业被试者占16.0%,制造业被试者占10.8%,通信行业被试者占4.0%。政企人员混合样本的描述性统计见表8-2。

表8-2　政企混合样本描述性统计

项目	属性	频率	比例/%
性别	男性	345	60.0
	女性	230	40.0
年龄	20～29岁	154	26.8
	30～39岁	181	31.5
	40～49岁	174	30.3
	50～59岁	66	11.5
职位	非管理层	382	66.4
	管理层	193	33.6
行业	政府	265	46.1
	IT	133	23.1
	金融	92	16.0
	制造业	62	10.8
	通信	23	4.0
教育程度	高中及以下	5	0.9
	专科	38	6.6
	本科	386	67.1
	硕士研究生	128	22.3
	博士研究生	18	3.1

续表

项目	属性	频率	比例/%
工作经验	5 年以下	186	32.3
	5～10 年	155	27.0
	10 年以上	234	40.7

8.3.4　多群组分析方法

由于本章专注于研究政府与企业两个群体之间的差异，所以应用了基于复合模型测量恒等性(measurement invariance of composite models，MICOM)的多群组分析方法来进行数据分析和假设检验 。在实证研究中，通常假设研究数据都来源于单组的同质群体，但是在实际情况中，也经常会遇到两组或者多组异质性的群体，例如男性和女性、青年人与老年人、未婚群体和已婚群体以及来自不同文化和不同国家的群体等。如果需要检测和探究不同群体之间的差异，就需要使用多群组分析的方法。多群组分析(multigroup analysis)是检验多组数据之间参数差异的方法，包括外部权重、因子载荷和路径系数等(Cheah et al.，2020)，目的在于检验适配于某一个群体的模型是否同样适用其他性质的群体。不同于传统的调节效应分析所检验的单一结构，即两个外生变量的乘积与内生变量之间的交互关系(例如，使用自变量与调节变量的乘积预测因变量)，多群组分析方法以“全景”的方式展现了调节变量的影响因素(Hair et al.，2017)，并检验了所有既定的路径关系，有助于更全面地了解不同群组之间的差异。图 8－3 用现实生活情景中影响手机购买意愿的例子解释了多群组分析的重要性。

假定有一项研究想检验手机购买意愿的影响因素，并构建了包含两个假设的模型：假设 1 是性价比与顾客的手机购买意愿呈正相关关系，假设 2 是外观对手机购买意愿有正向的影响。研究者随机选择了 200 名有购买手机意愿的顾客进行调研，其中男性顾客 100 名、女性顾客 100 名。完成数据收集与统计检验之后，发现性价比对购买意愿的影响

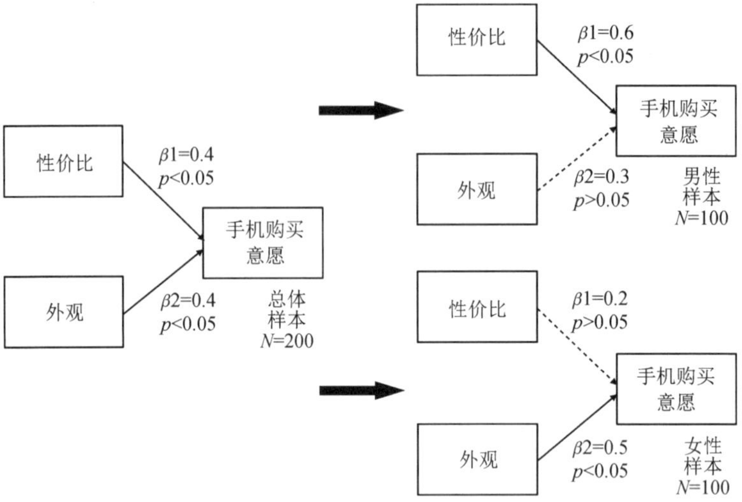

图 8-3　多群组分析的重要性

是显著的($b1=0.4$, $p<0.05$),同时外观对购买意愿的影响也是显著的($b2=0.4$, $p<0.05$),然后两者的路径系数值大小也是相同的($b1=b2$)。这样的结果很容易让研究者得出结论:性价比与外观都是影响顾客购买意愿的重要变量,且两者的影响程度是一样的。然而,这样的结论并不一定符合真实情况。如果研究者将男女顾客的样本分开并进行多群组分析,就会发现性价比与外观对男女顾客的影响是截然不同的。例如,在男性样本中,性价比对手机意愿的影响是显著的,且路径系数达到了 0.6($b1=0.6$, $p<0.05$);外观到购买意愿的路径系数降到了 0.3 并且不显著($b2=0.3$, $p>0.05$)。相反,在女性样本中,性价比到购买意愿的路径系数变为 0.2 且不显著($b1=0.2$, $p>0.05$),外观到购买意愿的路径系数为 0.5 且是显著的($b2=0.5$, $p<0.05$)。此时如果使用多群组分析的方法对比两组路径的差异(性价比到购买意愿以及外观到购买意愿),就会发现两者的差异都是显著的。因此,如果没有应用多群组分析方法,研究者很可能会因为总样本统计上的显著结果而得出不符合实际的结论:性价比与外观对手机购买意愿的影响是显著的且相同的。分男女样本进行多群组分析之后,方能发现真实的情况:对男性顾客而言,性价比是影响他们购买意愿的关键因素,外观的影响是不显著的;对

女性顾客而言，性价比不是重要因素，但外观却是关键原因。因此，多群组分析的应用可以让研究者避免“显著性陷阱”并得出更接近真实情况的结论。

根据 Cheah 等(2020)的建议，一个完整的多群组分析应该包含四个步骤，如图 8－4 所示。第一步是数据准备。进行多群组分析的前提是具备足够多的样本量。在进行数据收集时，应当尽量保证每组的样本量是基本相近的，完成数据收集后应当做好数据清洗工作(例如对 7 分的利克特问卷而言，全部是 7 分或者全部是 4 分的问卷应当做无效处理)，然后进行信度效度的检验。值得指出的是，数据准备步骤的缺失会导致多群组分析得出的调节效应出现偏差。第二步是数据分组。需要根据现有理论或者文献支持进行划分，确保分组的理论与实践意义。第三步是测量恒等性检验。如图 8－5 所示，测量恒等性又分为三个步骤：一是设定恒等性检验，二是组成恒等性检验，三是均值与方差恒等性检验。只要通过设定恒等性检验与组成恒等性检验，即可进行多群组分析。第四步是多群组分析。主要的方法有参数检验和非参数检验。本章使用的是非参数检验类型的偏最小二乘多群组分析。

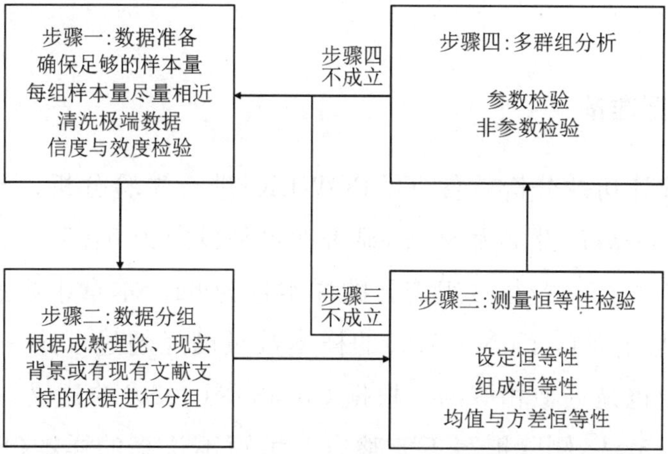

图 8－4　多群组分析的研究步骤

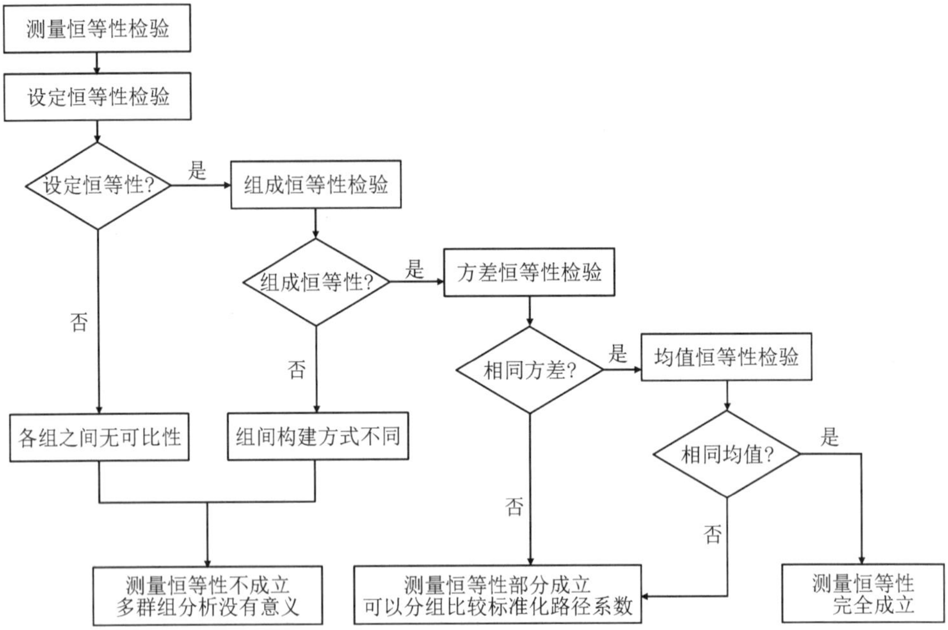

图 8-5 测量恒等性检验的步骤

8.4 数据分析与讨论

8.4.1 数据准备

使用统计功效分析软件(G* POWER)进行先验分析。当统计检力(statistical power)设定为 80%,显著性水平设定为 0.05,且预期效应量(R^2)设定为 0.25 时,每一组需要的样本量为 64。本章中政府工作人员($N=265$)与企业员工($N=310$)的样本数量已经超过了这一要求,同时两者的数量也是近似相等的。根据 Cheah 等(2020)的建议,首先对回收的数据进行清洗,删除填写不完整以及填写不认真的样本(例如全部选项都是 1、4 或者 7,控制变量的填写前后矛盾、作答没有区分反向与正向题项等)。在完成了数据清洗工作之后,信度与效度分析的结果如表 8-3、表 8-4、表 8-5、表 8-6 所示。

表 8-3　潜变量信度系数、平均方差提取与相关系数（政府工作人员样本）

潜变量	克龙巴赫α系数	组合信度	平均方差提取	1	2	3	4	5	6	7	8
奖励期望(RE)	0.891	0.932	0.82	**0.906**							
惩罚期期(PE)	0.946	0.961	0.861	0.388	**0.93**						
示范性规范(DN)	0.914	0.946	0.853	0.11	0.13	**0.924**					
指令性规范(IN)	0.952	0.965	0.903	−0.066	−0.066	−0.102	**0.95**				
主观规范(SN)	0.89	0.932	0.821	0.224	0.176	0.311	−0.048	**0.906**			
上下级关系(SSG)	0.836	0.896	0.742	0.056	0.058	−0.097	−0.045	0.027	**0.861**		
组织承诺(OC)	0.897	0.935	0.828	−0.019	−0.261	0.021	0.05	0.059	0.186	**0.91**	
遵从行为(CB)	0.907	0.942	0.844	0.272	0.224	0.313	−0.028	0.46	0.144	0.323	**0.919**

注:加粗数值为各个潜变量平均方差提取值的平方根

表 8-4　潜变量信度系数、平均方差提取与相关系数（企业员工样本）

潜变量	克龙巴赫α系数	组合信度	平均方差提取	1	2	3	4	5	6	7	8
奖励期望(RE)	0.941	0.954	0.875	**0.935**							
惩罚期望(PE)	0.958	0.966	0.878	0.144	**0.937**						
示范性规范(DN)	0.939	0.956	0.879	−0.066	0.022	**0.938**					
指令性规范(IN)	0.928	0.954	0.874	−0.006	−0.054	0.019	**0.935**				
主观规范(SN)	0.937	0.959	0.888	0.113	−0.06	−0.043	0.077	**0.942**			
上下级关系(SSG)	0.749	0.845	0.646	0.126	0.054	0.071	0.115	−0.03	**0.804**		
组织承诺(OC)	0.871	0.92	0.793	−0.062	0.012	0.001	0.418	0.063	0.249	**0.891**	
遵从行为(CB)	0.848	0.908	0.767	0.049	0.039	0.047	0.314	0.356	0.238	0.363	**0.876**

注:加粗数值为各个潜变量平均方差提取值的平方根

表 8－5　因子载荷与交叉载荷(政府工作人员样本)

观测变量	均值	标准差	奖励期望(RE)	惩罚期望(PE)	示范性规范(DN)	指令性规范(IN)	主观规范(SN)	上下级关系(SSG)	组织承诺(OC)	遵从行为(CB)
RE1	3.494	2.023	**0.881**	0.155	0.010	−0.034	0.138	0.080	−0.042	0.103
RE2	3.487	2.008	**0.946**	0.116	0.070	−0.035	0.181	0.056	−0.033	0.159
RE3	3.649	2.012	**0.941**	0.132	0.024	−0.032	0.125	0.090	−0.023	0.166
PE1	5.011	1.781	0.032	**0.948**	0.094	−0.035	0.050	0.048	−0.117	0.134
PE2	4.785	1.821	0.045	**0.904**	0.070	−0.053	0.063	0.035	−0.163	0.107
PE3	4.932	1.823	0.021	**0.951**	0.072	−0.065	0.023	0.020	−0.106	0.121
PE4	5.000	1.770	0.030	**0.935**	0.069	−0.079	0.045	0.054	−0.120	0.131
DN1	4.925	1.630	−0.054	0.017	**0.931**	−0.059	0.125	−0.059	−0.059	0.145
DN2	4.872	1.659	−0.079	0.067	**0.948**	−0.034	0.123	−0.021	−0.034	0.183
DN3	5.034	1.633	−0.058	0.015	**0.917**	−0.051	0.130	−0.010	−0.044	0.196
IN1	5.177	1.888	0.008	−0.048	−0.073	**0.950**	0.010	0.047	0.220	0.142
IN2	5.015	1.780	0.009	−0.035	−0.042	**0.962**	0.027	0.024	0.201	0.128
IN3	4.540	2.092	0.005	−0.021	−0.002	**0.912**	0.010	0.023	0.212	0.113
SN1	5.566	1.608	0.129	0.043	0.154	−0.020	**0.879**	0.016	0.067	0.386
SN2	5.491	1.639	0.077	0.026	0.131	0.025	**0.795**	0.001	0.052	0.372
SN3	5.245	1.854	0.112	0.013	0.115	0.028	**0.846**	−0.033	0.041	0.373
SSG4	4.125	1.840	0.038	0.052	−0.027	0.033	−0.001	**0.879**	0.206	0.174
SSG5	3.325	1.808	0.044	0.075	−0.035	0.055	0.001	**0.795**	0.145	0.089
SSG6	4.826	1.696	0.031	0.055	−0.004	−0.024	0.012	**0.846**	0.161	0.151
OC1	5.547	1.484	−0.018	−0.132	0.069	0.220	0.057	0.225	**0.911**	0.304
OC2	5.925	1.301	−0.092	−0.127	0.144	0.168	0.063	0.167	**0.903**	0.308
OC3	5.487	1.472	−0.050	−0.122	0.107	0.218	0.036	0.169	**0.888**	0.297
CB1	6.362	1.030	0.053	0.125	0.172	0.087	0.375	0.135	0.320	**0.913**
CB2	6.079	1.240	0.051	0.128	0.193	0.159	0.387	0.178	0.345	**0.928**
CB3	5.838	1.585	0.019	0.108	0.413	0.117	0.333	0.152	0.227	**0.848**

注:加粗数值代表测度每个潜变量的观测变量载荷值

表8-6　因子载荷与交叉载荷(企业员工样本)

观测变量	均值	标准差	奖励期望(RE)	惩罚期望(PE)	示范性规范(DN)	指令性规范(IN)	主观规范(SN)	上下级关系(SSG)	组织承诺(OC)	遵从行为(CB)
RE1	3.248	2.023	**0.847**	0.301	0.079	−0.056	0.213	0.073	−0.026	0.191
RE2	3.677	2.008	**0.934**	0.385	0.123	−0.076	0.133	0.019	−0.015	0.262
RE3	3.745	2.012	**0.934**	0.359	0.092	−0.048	0.176	0.060	−0.031	0.189
PE1	4.965	1.781	0.361	**0.938**	0.138	−0.037	0.361	0.030	−0.238	0.216
PE2	4.674	1.821	0.408	**0.887**	0.105	−0.061	0.408	0.062	−0.285	0.197
PE3	4.977	1.823	0.305	**0.945**	0.113	−0.059	0.322	0.056	−0.228	0.207
PE4	5.029	1.770	0.324	**0.940**	0.126	−0.097	0.257	0.067	−0.222	0.213
DN1	5.158	1.630	0.106	0.119	**0.929**	−0.091	0.276	−0.121	0.010	0.254
DN2	5.026	1.659	0.077	0.226	**0.945**	−0.089	0.320	−0.075	0.013	0.293
DN3	5.152	1.633	0.121	0.116	**0.897**	−0.102	0.195	−0.077	0.034	0.286
IN1	4.939	1.888	−0.080	−0.066	−0.124	**0.957**	−0.041	−0.039	0.030	−0.027
IN2	4.984	1.780	−0.053	−0.055	−0.085	**0.932**	−0.025	−0.021	0.044	−0.007
IN3	5.016	2.092	−0.051	−0.032	−0.077	**0.962**	−0.055	−0.054	0.065	−0.031
SN1	5.584	1.608	0.216	0.152	0.022	−0.075	**0.926**	0.027	0.079	0.445
SN2	5.345	1.639	0.195	0.181	0.017	−0.025	**0.933**	0.049	0.047	0.394
SN3	5.094	1.854	0.197	0.142	0.010	−0.043	**0.858**	−0.004	0.033	0.407
SSG4	4.210	1.572	0.033	0.081	−0.064	−0.065	0.027	**0.917**	0.181	0.165
SSG5	3.600	1.840	0.052	0.036	−0.107	−0.053	−0.023	**0.840**	0.181	0.096
SSG6	4.735	1.808	0.036	0.006	−0.099	0.027	0.057	**0.823**	0.105	0.152
OC1	5.610	1.484	−0.052	−0.252	0.036	0.040	0.016	0.190	**0.933**	0.316
OC2	5.742	1.301	−0.030	−0.239	−0.017	0.031	0.029	0.159	**0.896**	0.235
OC3	5.342	1.472	0.023	−0.224	0.031	0.063	0.033	0.164	**0.900**	0.316
CB1	6.219	1.030	0.227	0.191	0.291	−0.064	0.423	0.110	0.327	**0.931**
CB2	6.077	1.240	0.295	0.222	0.279	−0.017	0.435	0.133	0.332	**0.935**
CB3	5.874	1.585	0.225	0.205	0.292	−0.032	0.409	0.156	0.225	**0.890**

注:加粗数值代表测度每个潜变量的观测变量载荷值

可以看出,无论是企业样本还是政府样本,都表现出良好的信度和效度。在信度方面,如表 8-3、表 8-4 所示,所有潜变量的组合信度与克龙巴赫 α 系数值都超过了 0.8。在聚合效度方面,所有潜变量的 AVE 值均超过了 0.7,大于 0.5 的临界值;在各个潜变量中,每个观测变量的因子载荷都高于 0.7,体现出很好的聚合效度。此外,每个潜变量 AVE 值的平方根大于它本身与其他所有潜变量的相关系数,每个观测变量在各自潜变量下的因子载荷值也远高于在其他变量下的载荷值,表现出了良好的区分效度。

此外,如表 8-7 所示,本章进行了共同方法偏差检验。共同方法偏差是使用同种测量工具导致的变量之间虚假的共同变异,常见于自报告的问卷数据。为了检测共同方法偏差的影响程度,构造了共同方法因子(common method factor),由本章使用潜变量的所有观测变量构成。所有八个潜变量都被转换成为二阶构念,并将它们的观测变量转换为单题项的一阶构念。在检测模型中,所有一阶构念将同时由它本身所属的构念以及共同方法因子所预测,两条路径值的平方代表了由构念解释的方差($R1^2$)以及共同方法因子解释的方差($R2^2$)。从表 8-7 可以看出,每个观测变量由它本身构念所解释的方差都显著大于被共同方法因子所解释的方差,可以认为共同方法偏差并没有对本章的研究结果产生显著影响。至此,多群组分析的第一步数据准备工作完成。

表 8-7 共同方法偏差检验

潜变量	观测变量	$R1$(构念的因子载荷)	$R1^2$	$R2$(共同方法的因子载荷)	$R2^2$
奖励期望(RE)	RE1	0.928	0.861	−0.038	0.001
	RE2	0.927	0.859	0.023	0.001
	RE3	0.919	0.845	0.014	0.000
惩罚期望(PE)	PE1	0.938	0.880	0.012	0.000
	PE2	0.907	0.823	0.006	0.000
	PE3	0.956	0.914	−0.009	0.000
	PE4	0.937	0.878	−0.009	0.000

续表

潜变量	观测变量	$R1$（构念的因子载荷）	$R1^2$	$R2$（共同方法的因子载荷）	$R2^2$
示范性规范（DN）	DN1	0.951	0.904	−0.019	0.000
	DN2	0.949	0.901	0.005	0.000
	DN3	0.902	0.814	0.332	0.110
指令性规范（IN）	IN1	0.943	0.889	−0.004	0.000
	IN2	0.962	0.925	−0.001	0.000
	IN3	0.920	0.846	0.005	0.000
主观规范（SN）	SN1	0.922	0.850	0.016	0.000
	SN2	0.944	0.891	0.001	0.000
	SN3	0.903	0.815	−0.018	0.000
上下级关系（SSG）	SSG4	0.833	0.694	0.044	0.002
	SSG5	0.863	0.745	0.024	0.001
	SSG6	0.840	0.706	0.019	0.000
组织承诺（OC）	OC1	0.910	0.828	0.006	0.000
	OC2	0.905	0.819	−0.016	0.000
	OC3	0.887	0.787	0.011	0.000
遵从行为（CB）	CB1	0.913	0.834	−0.002	0.000
	CB2	0.884	0.781	0.052	0.003
	CB3	0.898	0.806	−0.054	0.003
均值		0.914	0.836	0.016	0.005

8.4.2 数据分组

参考先前的研究，本章根据现有的文献间隙以及现实需求，将研究对象划分为政府工作人员组与企业员工组，分组方式具有一定的理论依据和现实意义。在 SmartPLS 中对数据进行分组的方法如下：先将政府工作人员与企业员工的样本整合为一个数据集，然后在行业一栏进行区分和标记。在数据集中，企业员工样本的行业标记为 1 至 4，分别代表 IT 行业、金融行业、制造业和通信行业，政府工作人员样本的行业标记 5。在 SmartPLS 中，将政府组定义为“industry is equal to 5”，将企业组定义为“industry is not equal to 5”，即完成了政府样本与企业样本的数据分组。

8.4.3 MICOM 检验

MICOM 检验的目的在于,通过验证测量工具的一致性,排除工具偏差对组间差异的干扰,从而支持对潜变量或结构模型的科学比较。使用 SmartPLS 来进行 MICOM 检验,当 MICOM 检验没有通过时,群组之间的差异很可能来源于测量误差,此时多群组分析的结果也就失效了。因此,在进行多群组分析之前,MICOM 检验是十分必要的(Carranza, 2020)。

表 8-8、表 8-9、表 8-10 呈现了 MICOM 检验的结果。MICOM 检验主要分三步:第一步是设定恒等性。这一步属于检验的前置条件,无论是政府群体还是企业群体,都使用了相同的问卷和题项,数据的处理以及模型估计中的算法设定都是一致的,确保了两组群体在设定形态上的恒等性。第二步是组成恒等性。结果如表 8-8 所示,所有构念的原始相关系数都没有显著不同于 1(处于 95%的置信区间),组成恒等性成立,此时即可比较组间的标准化路径系数的差异。第三步(a)是均值恒等性,如表 8-9 所示,所有构念的均值恒等性全部成立。第三步(b)是方差恒等性,如表 8-10 所示,奖励期望、示范性规范与上下级关系的方差恒等性不成立,惩罚期望、指令性规范、主观规范与遵从行为的方差恒等性都是成立的。综上,本章通过了 MICOM 检验,结果为部分恒等性,可以进行标准化路径系数的对比,下一步即可进行多群组分析。

表 8-8 MICOM 分析结果(组成恒等性)

构念	原始相关系数	95%置信区间	置换检查 p 值	组成恒等性
奖励期望	0.988	[0.987;1]	0.059	成立
惩罚期望	0.992	[0.989;1]	0.088	成立
示范性规范	0.994	[0.994;1]	0.061	成立
指令性规范	0.993	[0.991;1]	0.080	成立
主观规范	1.000	[0.999;1]	0.563	成立
上下级关系	0.976	[0.946;1]	0.207	成立
遵从行为	0.999	[0.999;1]	0.196	成立

表 8-9　MICOM 分析结果(均值恒等性)

构念	原始均值差异	95%置信区间	置换检验 p 值	均值恒等性
奖励期望	−0.027	[−0.138;0.138]	0.377	成立
惩罚期望	0.010	[−0.142;0.137]	0.453	成立
示范性规范	−0.100	[−0.136;0.135]	0.114	成立
指令性规范	−0.018	[−0.139;0.139]	0.415	成立
主观规范	0.057	[−0.134;0.138]	0.257	成立
上下级关系	−0.037	[−0.135;0.138]	0.318	成立
遵从行为	0.044	[−0.139;0.139]	0.313	成立

表 8-10　MICOM 分析结果(方差恒等性)

构念	原始方差差异	95%置信区间	置换检验 p 值	方差恒等性
奖励期望	0.176	[−0.138;0.135]	0.018	不成立
惩罚期望	0.080	[−0.166;0.167]	0.208	成立
示范性规范	−0.160	[−0.153;0.152]	0.042	不成立
指令性规范	0.068	[−0.160;0.156]	0.239	成立
主观规范	0.177	[−0.202;0.187]	0.060	成立
上下级关系	−0.274	[−0.149;0.151]	0.002	不成立
遵从行为	0.011	[−0.258;0.249]	0.464	成立

8.4.4　多群组分析

使用 SmartPLS 软件进行多群组分析的结果如表 8-11 所示。在政府工作人员的样本中,奖励期望、惩罚期望与示范性规范对信息安全遵从行为的影响是不显著的,但是指令性规范、主观规范和上下级关系均对信息安全遵从行为有显著影响。在企业员工的样本中,奖励期望、指令性规范与上下级关系对遵从行为的影响是不显著的,惩罚期望、示范性规范与主观规范对遵从行为的影响是显著的。关于多群组分析 PDF 的结果,奖励期望对政府工作人员与企业员工的影响没有显著差异($|\beta1-\beta2|=0.061$, $p>0.05$),假设 1 没有得到支持。惩罚期望在企业员工中的路径系数显著大于政府工作人员($|\beta1-\beta2|=0.160$, $p<0.05$),假

设 2 得到支持。示范性规范在企业员工中的路径系数显著大于政府工作人员（$|\beta1-\beta2|=0.158$，$p<0.05$），假设 3 得到支持。指令性规范在政府工作人员中的路径系数显著大于企业员工（$|\beta1-\beta2|=0.170$，$p<0.05$），假设 4 得到支持。主观规范对政企人员的影响没有显著差异（$|\beta1-\beta2|=0.024$，$p>0.05$），假设 5 没有得到支持。上下级关系在政府工作人员中的路径系数显著大于企业员工（$|\beta1-\beta2|=0.133$，$p<0.05$），假设 6 得到支持。

表 8-11　PLS 多群组分析结果

路径	路径系数		多组群分析检验		
	政府工作人员（$\beta1$）	企业员工（$\beta2$）	路径系数差 $|\beta1-\beta2|$	研究假设	检验结果
奖励期望→遵从行为	0.010	0.071	0.061 n.s.	假设 1：$\beta1<\beta2$	不支持
惩罚期望→遵从行为	0.042	0.202***	0.160*	假设 2：$\beta1<\beta2$	支持
示范性规范→遵从行为	0.013	0.172***	0.158*	假设 3：$\beta1<\beta2$	支持
指令性规范→遵从行为	0.179**	0.009	0.170*	假设 4：$\beta1>\beta2$	支持
主观规范→遵从行为	0.328***	0.303***	0.024 n.s.	假设 5：$\beta1>\beta2$	不支持
上下级关系→遵从行为	0.193***	0.060	0.133*	假设 6：$\beta1>\beta2$	支持

注：* 代表 $p<0.05$；** 代表 $p<0.01$；*** 代表 $p<0.001$；n.s. 代表不重要

8.4.5　事后分析

在本章先前的研究中，运用基于 MICOM 的多群组分析方法，检验了一系列前因变量（奖励期望、惩罚期望、示范性规范、指令性规范、主观规范以及上下级关系）对政府工作人员以及企业员工信息安全遵从行为的影响差异。本节的事后分析通过模型对比，试图解决如下的问题：为什么要进行政府工作人员样本与企业员工样本的对比研究？如果将两个样本合并在一起进行模型检验，结果会有什么不同？因此，将政府工作人员（$N=265$）与企业员工（$N=310$）混合之后，模型检验结果如图 8-6 所示，政府工作人员样本与企业员工样本的单独检验结果则如图 8-7 和图 8-8 所示。就正式控制而言，在混合样本中奖励期望对遵从行为

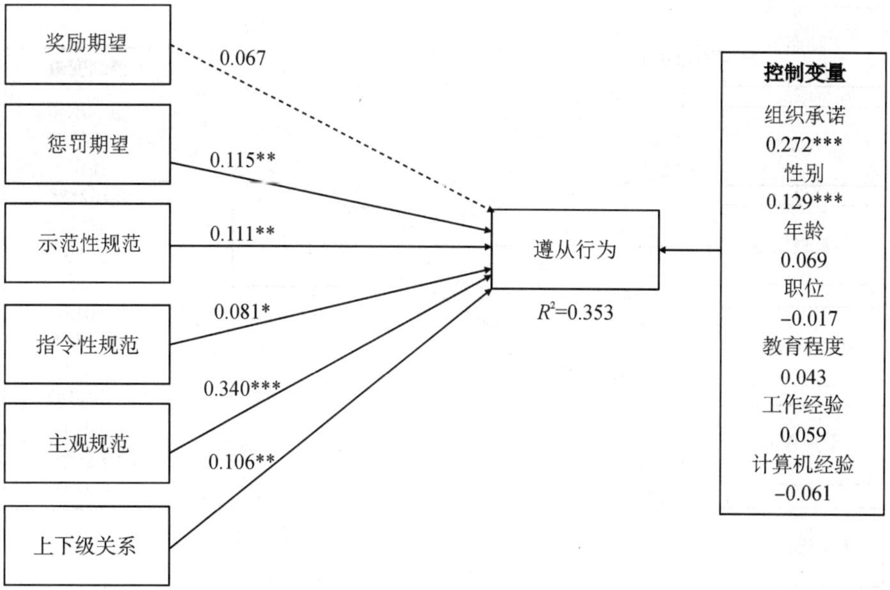

注：*** 代表 $p<0.001$，** 代表 $p<0.01$，* 代表 $p<0.05$；实线表示路径系数显著，虚线表示不显著

图 8－6　政府工作人员与企业员工混合样本检验结果(模型一)

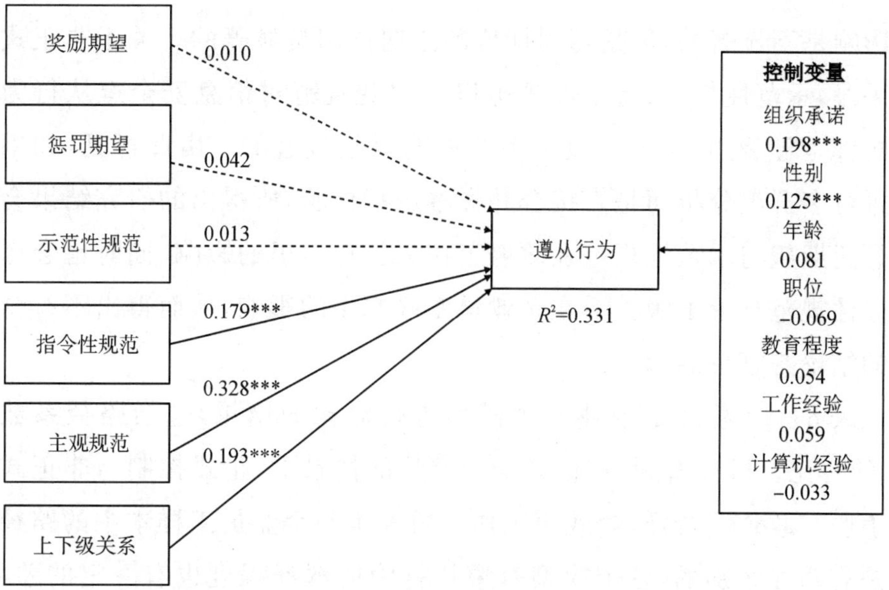

注：*** 代表 $p<0.001$，** 代表 $p<0.01$，* 代表 $p<0.05$；实线表示路径系数显著，虚线表示不显著

图 8－7　政府工作人员样本检验结果(模型二)

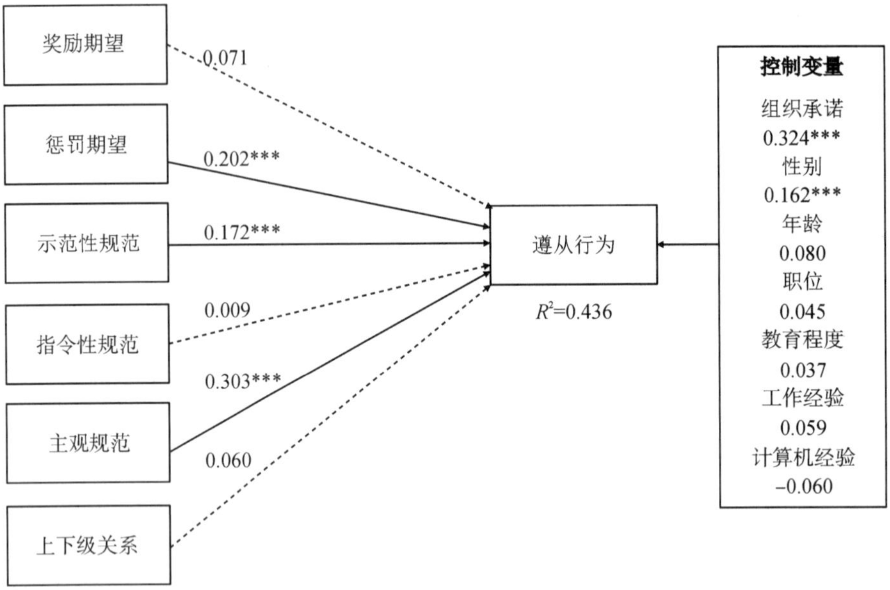

注：*** 代表 $p<0.001$，** 代表 $p<0.01$，* 代表 $p<0.05$；实线表示路径系数显著，虚线表示不显著

图 8－8　企业员工样本检验结果(模型三)

的影响是不显著的，但是惩罚期望的正向作用是显著的。关于非正式控制手段，示范性规范、指令性规范以及主观规范对信息安全遵从行为的影响都是显著的，对上下级关系的影响也是显著的。由此可见，如果没有进行多群组分析而是直接合并样本进行检验，所得出的研究结果会夸大惩罚期望与示范性规范在政府工作人员样本里的影响，同时也会夸大指令性规范与上下级关系在企业员工样本中的影响，从而得出不符合实际的结论与管理启示。

表 8－12 总结了上述三个模型进行对比的结果，包括路径系数与 R^2 的对比。可以看到，在信息安全遵从的情景下，正式控制与非正式控制手段在政企混合样本、政府工作人员样本与企业员工样本中的路径系数是有明显区别的，各个模型对遵从行为的解释程度也有一定的差异。正因为政府与企业在组织环境与人员特性上存在显著区别，只有区分政府工作人员样本与企业员工样本进行对比检验时，研究结论才会更接近

真实情况，方能得出具有针对性与实践意义的管理启示。事后分析的结果证明了在该情境下进行多群组分析的重要性与必要性。

表 8-12　模型对比：路径系数与 R^2

遵从行为	模型一（政企混合）	模型二（政府工作人员）	模型二（企业员工）
前因变量	路径系数	路径系数	路径系数
奖励期望	0.067	0.010	0.071
惩罚期望	0.115**	0.042	0.202***
示范性规范	0.111**	0.013	0.172***
指令性规范	0.081*	0.179**	0.009
主观规范	0.340***	0.328***	0.303***
上下级关系	0.106**	0.193***	0.060
R^2	0.353	0.331	0.436

8.4.6　结果讨论

本章主要检验了正式控制与非正式控制手段对政企人员遵从行为的作用效果差异。研究结果显示，奖励期望与主观规范对政府工作人员与企业员工遵从行为的影响没有显著差异，惩罚期望与示范性规范对企业员工遵从行为的影响显著强于对政府工作人员的影响，指令性规范与上下级关系对政府工作人员遵从行为的影响显著强于对企业员工的影响。因此，假设 2、假设 3、假设 4 与假设 6 得到了支持，但是假设 1 和假设 5 则没有得到支持。

首先，正式控制中的奖励期望在政企样本中的作用效果差异是不显著的，而且奖励期望对遵从行为的主效应在政企样本中都是不显著的。因此，假设 1 的检验结果说明，在信息安全的背景下，无论在政府还是企业的组织环境中，奖励都不是组织成员所关注的重点。惩罚期望对企业员工的影响是显著的，对政府工作人员不显著，两者的显著差异（假设 2）证明了企业更适合使用惩罚机制来确保员工的信息安全遵从。鉴于遵从行为会被组织或领导认为是员工应尽的责任，遵从行为得到的奖励往往会比较有限,例如口头表扬或者考核加分等。相较于奖励,惩罚在组织中的应用手段更加丰富,范围也涵盖了经济上的罚款和扣奖金等,甚至还会影响晋升和评比,对员工的威慑力更大。因此,企业应当在信息安全管理中进一步优化与完善惩罚的规章制度,确保威慑效果的最大化。

关于非正式控制手段,在社会规范的三个维度中,示范性规范更适用于企业(假设 3),而指令性规范对政府工作人员的效果更好(假设 4),主观规范对政企人员的影响没有显著差异(假设 5)。示范性规范在企业中的效果更佳,原因可能在于政企组织性质的差异,也就是营利性和非营利性。企业出于经营压力会经常开展绩效考核,考核与经济收益以及升迁机会挂钩,企业员工周围同事的行动与表现决定了每个人的绩效排名,因而让周围人的行为形成了一种无形的社会压力。对政府工作人员而言,由于组织的非营利性质,其绩效考核的压力会低于企业员工。正如先前研究所指出的,企业员工在工作中最重视的价值观是“收益”,政府工作人员最重视的则是“承担责任”。指令性规范对政府工作人员的影响更强,原因在于指令性规范代表了多数人普遍认为正确的观念。如果信息安全遵从行为是组织普遍认可的,或者周围人所赞许的承担责任的行为,那么它对政府工作人员的行为影响就会比企业员工更显著。因此,政府应该致力于构建良好的组织氛围,弘扬保护信息安全的道德观念,企业可以在绩效考核中增加信息安全行为的比重,通过严格科学的考核推动“他人”的行为,并应该着重利用优秀员工的模范带动作用,通过同事的行为压力来促进员工的信息安全遵从行为。主观规范对员工遵从行为的影响在政企样本中都是显著的,说明领导者的观念在信息安全管理中扮演着重要角色,这也与先前的研究结论是一致的(Hu et al., 2012)。无论是政府还是企业,管理者都应当树立明确而积极的信息安全防护态度,在日常工作中向组织成员主动传达信息安全的观念并强调其重要性,通过强化主观规范来促进组织成员的遵从行为。

在非正式控制手段中，上下级关系在政企中的作用效果差异得到了验证(假设 6)。正如先前研究得到的结论，上下级关系在企业的信息安全行为管理中，更多的是以情景变量的形式存在(刘晨晖 等，2021)，对员工遵从行为的直接影响并不显著。假设 6 的检验结果反映了政府与企业的组织差异：在政府的工作环境中，上下级关系对政府工作人员信息安全遵从的作用会更加直接和有效，政府管理者应当投入更多的精力来加强与下属的关系质量管理，从而促进政府工作人员的遵从行为。

8.5　理论贡献与管理启示

8.5.1　本章的理论贡献

(1)在信息安全遵从的研究领域，本书对比了遵从行为前因变量在政府工作人员与企业员工中的作用效果差异，填补了该领域的研究空白。当前文献中的对比研究主要集中在男性与女性的差异和不同国家之间的文化差异，不但没有研究、检验政府与企业之间的差异，不少学者还在样本中混杂了政府工作人员与企业员工，因此很可能得到与现实情况不一致的结论。

(2)验证了正式控制中的奖励与惩罚在政府组织环境与企业组织环境的影响差异，加深了在信息安全遵从情景下对正式控制手段的理解。

(3)验证了上下级关系、示范性规范以及指令性规范在政企样本中的作用效果差异，加深了在信息安全遵从情景下对非正式控制手段的理解。

8.5.2　本章的管理启示

(1)政府与企业都应该重视管理层对信息安全遵从的巨大推动作用。政企管理者应树立明确而积极的信息安全防护观念和态度，在日常工作中潜移默化地通过自身的观念来促进组织成员的遵从行为。

(2)注重非正式控制手段在信息安全行为管理中的应用。政府管理者应重视与下属之间的关系质量,投入更多的时间和精力来构筑高质量的上下级关系,从而促进组织成员的遵从行为;开展更多的信息安全培训与教育活动,在组织中弘扬保障信息安全的价值观念,统一组织成员对保护信息资产重要性的认知。企业管理者应充分利用模范员工的带头作用,例如对遵从信息安全政策的优秀个人给予表彰并在组织范围大力宣传,通过强化同事行为压力来促进员工的遵从行为。

(3)优化正式控制机制。对政府而言,应不断完善和明晰奖惩机制,通过细化规章制度等方式提升组织成员对奖惩期望的感知;设立信息安全专员或者由专门的领导负责信息安全管理,推动相关奖惩机制的切实执行。企业管理者应当完善和优化针对信息安全遵从的惩罚机制,确保惩罚的威慑作用最大化,同时可以考虑在绩效考核中加强对信息安全行为的要求。综上所述,如表 8-13 所示,我们分别为政府和企业提出了符合各自组织环境与组织成员特性的信息安全行为管理策略。

表 8-13　政府与企业的信息安全行为管理策略

	正式控制	非正式控制
政府	完善和细化组织针对信息安全行为的奖惩机制,提升政府工作人员对信息安全政策的认可与感知;设立信息安全专员或者指派专门的管理层领导负责信息安全管理,推动奖惩机制的切实执行	管理者应注重与组织成员的关系质量管理;管理者应树立明确而积极的信息安全防护态度,在日常工作中将信息安全的观念传递给组织成员,并强调其重要性;开展培训和教育活动,在组织中弘扬保障信息安全的价值观念,统一组织成员的认知
企业	不断优化和完善惩罚信息安全违规行为的相关制度,确保惩罚的威慑效果最大化;在绩效考核中加强对信息安全行为的要求	管理者应树立明确而积极的信息安全防护态度并传递给员工,强化主观规范的影响;对遵从信息安全政策的优秀个人给予表彰并在组织范围大力宣传,充分利用模范员工的带头作用,通过同事行为压力促进员工的遵从行为

8.6　本章小结

本章基于控制理论与社会规范理论，研究了正式控制手段与非正式控制手段在政府与企业样本中对组织成员信息安全遵从行为的影响差异。结果发现：在政府样本中，奖励期望、惩罚期望与示范性规范的影响是不显著的，但是指令性规范、主观规范和上下级关系均有显著影响；在企业样本中，奖励期望、指令性规范与上下级关系的影响是不显著的，惩罚期望、示范性规范与主观规范的影响是显著的；进行了基于 MICOM 的多群组分析后，发现上下级关系与指令性规范对政府工作人员遵从行为的影响强于企业员工，企业员工对惩罚期望与示范性规范更为敏感。

压电式信息安全行为管理的政企对比：首先，变化事件。识别信息安全事件并进行分类分级，政府部门应该加强安全相关的培训教育，企业部门则应该制定详尽的惩罚机制。其次，态势感知。政府部门要善于通过人际关系使组织成员关系融洽，企业应该选出表现好的员工来带动其他人。最后，关键性对齐。政府部门要关注关系处理不融洽的组织成员，企业则要在绩效考核中加强对员工信息安全行为的要求。

第9章　压电式信息安全管理的政企实践

9.1　压电式信息安全管理的政府实践

9.1.1　W市应急管理局遭遇网络攻击

1. 案例简介

2023年,W市公安局接到W市应急管理局地震监测中心的报警:该中心监测到,地震速报数据采集点的网络设备遭受了后门程序的非法植入,严重威胁了国家信息安全。接到通报后,W市公安局迅速响应,立即启动调查取证程序。在初步明确相关事实、成功提取后门程序样本并依法固定证据后,根据《中华人民共和国刑法》第285条的规定,W市公安局迅速立案侦查并对后门样本进行了详尽的技术分析。结果显示,该后门程序具备非法控制和窃取地震烈度数据的能力,此次攻击事件很可能是具有政府背景的境外黑客组织发起的。

该事件引起了社会各界的广泛关注。国家计算机病毒应急处理中心联合A公司迅速组成联合调查组赴W市进行调查取证。联合调查组在受害单位的网络中发现了技术复杂的后门恶意软件,其特征与美国情报机构相符,具有高度的隐蔽性。对恶意软件的功能和受影响系统的分析显示,攻击者的目的是窃取地震监测数据,且具有明显的军事侦察意图。为了提高地质灾害的监测预警能力,地震监测数据不仅包括震级和震源等基本信息,还涵盖了地表变形监测数据、水文监测数据等丰富的地理地质信息，这些数据同样具有重要的军事情报价值。尽管震源位置、震级、深度等信息是公开发布的，但它们是基于多传感器感知计算的结果，尤其是次声波数据，对于地质地形分析、武器系统试验、核试验等情报工作具有重要意义。因此，可以认为本次对地震监测中心的网络攻击是一次有计划、有预谋的网络军事侦察行动。

如果此次攻击者对地震监测系统进行了恶意破坏，当地震发生时，系统将无法提供准确的数据，这将严重影响地震预警和灾害评估工作，可能导致更严重的人员和财产损失。更危险的是，如果攻击者篡改地震监测数据，触发误报警情，可能会引发社会恐慌和秩序混乱，造成无辜群众的伤亡。由此可见，遥感和遥测体系及其数据是国家战略资源的重要组成部分，必须得到重点保护。

2. 案例分析

在本次网络攻击事件中，受攻击单位主动发布公开声明的行为，为早期识别和防范国家级大规模网络攻击提供了宝贵的机会，其积极性值得充分肯定。面对国家级高级持续性威胁(advanced persistent threat, APT)组织的攻击，必须由政府、企业、安全厂商和各类组织机构共同参与，形成协同防御的统一战线。全面披露境外网络攻击行为对维护国家网络空间利益和促进全球网络空间的和平与安全具有重大的战略意义，其做法受到了国际社会的广泛认可。

针对关键信息基础设施可能遭受的国家级网络攻击，相关单位应迅速向监管机构报告，并依据《网络关键设备和网络安全专用产品目录》加强网络安全建设。同时，应加强供应链安全管理，提升技术自主可控能力，定期进行网络安全演练，以增强应急响应和系统恢复能力。此外，应考虑建立 APT 排查的常态化工作机制，鼓励关键基础设施单位和重要敏感单位与网络安全企业合作，主动开展 APT 攻击线索和安全隐患的排查工作，提升我国网络空间的整体安全防护能力。

3. 压电式实践

(1)变化事件。严格依据《网络关键设备和网络安全专用产品目录》开展网络安全能力建设,识别潜在的安全风险。

(2)态势感知。一旦我国关键信息基础设施遭到有国家背景的网络攻击,相关单位必须第一时间向主管部门报告遭网络攻击情况;加强供应链安全管理,提高自主可控能力;定期开展网络安全演练,提高应急处置和恢复能力。

(3)关键性对齐。建立 APT 排查的常态化工作机制,引导关键基础设施单位、重要敏感单位与有能力的网络安全企业主动合作排查自身 APT 攻击线索和安全隐患。

9.1.2 B 市政府网站协同治理

1. 案例简介

2017 年,B 市政府印发《关于贯彻落实〈政府网站发展指引〉的实施意见》(以下简称《意见》),为政府网站信息安全的协同治理提供了明确的指导方针。该《意见》明确了 B 市政府网站及其下属部门的管理职责,包括操作规范、权限分配、职责界定,并对信息发布、处理时限、应急预案等具体操作进行了详细规定。B 市政府网站信息安全实施意见的发布,为全国政府网站信息安全管理工作树立了标杆,发挥了积极的示范效应。根据《意见》,B 市政府网站构建了“公开”“服务”“互动”三大功能板块,其中政务公开和信息公开部分采用了防复制技术,以防止信息被恶意篡改,保障信息安全。《意见》还规划了未来三年的信息安全发展蓝图,包括资源整合、服务功能完善、群众隐私与公开信息保护加强。

在实施意见的指导下,B 市信息化部门对政府网站基础设施进行了全面规划,系统梳理了存在的问题,并对市政府部门进行了详细统计,共涉及 42 个市级横向部门和 16 个区级部门。B 市召集了所有相关部门负责人,明确了政府网站管理职责,并与公安局、网信办、通管局及运营商等单位进行了统筹管理，实施了域名和内容的网络安全报备，共同维护政府网站信息安全。此外，B 市还建立了市、区两级政府网站信息安全的联动机制。市一级政府网站管理需与同级政府部门管理联动，并负责区一级网站的管理。市政府办公室作为市政府网站的主办单位，负责网站建设与维护；区政府办公室作为区政府网站的主办单位，承担相应职责。该机制的建立进一步强化了政府网站信息安全的协同治理能力。

2. 案例分析

在本例中，B 市政府积极推进政府网站信息安全的协同治理工作。政府部门与信息化部门联合规划了网站基础设施，并进行了详尽的统计工作，以确保所有政府网站均配备了必要的网络安全防护措施。同时，B 市政府与公安局、网信办等相关单位携手，共同推动网络安全报备流程，建立了一个多方参与、合作共赢的网络安全管理模式。以上措施为政府明晰了工作方向，并确保了信息安全工作的连贯性和有效性。

政府网络安全机制不是依靠单独一个部门就可以完成的，往往需要多部门进行协调联动，构建多部门联结的“虚拟政府”机制。B 市模式的最大特色是建立了市、区两级政府网站信息安全的联动机制。市、区两级政府主办单位在协同治理中承担了网站建设和维护的职责，形成了上下级协同的治理模式。此举不仅增强了政府网站信息安全的整体效能，也使得各级政府部门能够更有序地参与到信息安全管理中。

3. 压电式实践

(1)变化事件。严格依据关于政府网站发展的实施意见进行识别和预防。政务公开和信息公开设置无法复制功能，防止信息被不法分子恶意篡改。各部门协同治理，共同识别，共同防范。

(2)态势感知。采取了高效的应对措施，通过发布实施意见，明确政府网站的管理职能、操作权限、职责等，设立信息发布、办理时限、应急方案等详细措施。划分“公开”“服务”和“互动”等功能板块，设置防复制功能，增强我国政府信息网站的安全性。

(3)关键性对齐。制定跨度较长的信息安全规划和目标,强调整合资源、完善服务功能,加强对隐私和公开信息的保护,使政府网站更为综合和高效;建立市、区两级的政府网站信息安全联动机制,使市级政府与区级政府之间能够无缝协调,共同管理政府网站信息安全;跨部门统筹管理,对域名和内容进行网络安全报备,加强对关键资产的保护。

9.1.3 S市电子政务信息安全管理实践

1. 案例简介

在信息化发展的浪潮中,S市以其在科技创新和电子商务领域的领先优势,成为电子政务信息安全管理的典范。S市凭借其独特的地理优势和高科技产业的快速发展,成功吸引了全球企业和人才的目光。在数字化时代背景下,S市政府不仅在电子政务建设方面取得了显著成就,而且在信息安全管理方面也积累了宝贵的经验。S市的先进做法不仅对本地具有示范作用,也为其他城市提供了重要的参考和学习机会。

S市通过构建"1+4"电子政务总体框架,实现了全面的顶层设计,为各相关部门提供了明确的指导和协调机制。该框架确保了各项工作在统一规划下高效推进,并通过跨部门合作,有效提升了公共服务水平。特别是在安全和保密管理方面,S市在总体框架中给予了特别的重视,强化了部门间的协作,共同促进了电子政务的安全健康发展。在促进政民互动方面,S市实施了旨在信息惠民的"织网工程",建立了全市共享的公共信息资源库。通过构建社区家园网和统一的社区综合信息采集平台,形成了一个覆盖市、区、街道、社区四级政府部门的综合信息平台。这一措施不但提升了政府的公共服务能力,而且为S市向服务型政府转型奠定了坚实的基础。该工程的成功实施,极大地便利了居民获取公共服务,同时促进了信息资源的共享与流通。

S市在网络安全管理方面不断加强法规制度建设,出台了《S市电子政务信息安全管理试行办法》《S市政务信息资源共享管理办法》等一系列规章制度，为电子政务信息安全的建设和管理提供了明确的法规依据。这些法规制度的建立，为 S 市政府在电子政务领域的信息安全提供了坚实的法律支撑。此外，S 市积极推动互联网政务平台的建设，倡导并实施了“互联网＋政务服务”模式。通过打造集信息公开、在线办事、政民互动等多功能于一体的政府网站，充分利用互联网思维和信息技术手段，创新了政府管理和服务方式。这种模式不仅极大地提高了政务服务的效率，也为 S 市政府在互联网时代应对各种挑战提供了有力的支持。

2. 案例分析

一个明确和全面的总体方针对于指导网络信息安全建设具有决定性作用，它确立了网络安全工作的基本方向。在加强政府信息安全建设的过程中，S 市政府采取了全局视角，基于基础方向的确认，出台了一系列具体政策，确保了各项措施都在既定框架内有效运行。这一点对其他地区在网络安全规划的制定和执行中具有重要的借鉴意义，强调了顶层设计在其中发挥的核心引导作用。

政民互动的信息化优势同样为其他地区提供了深刻的启示。S 市通过整合丰富的信息资源，并将其与服务人民的宗旨相结合，利用信息化技术为市民提供了更加丰富和便捷的服务。通过社区家园网和统一规范的社区综合信息采集平台，S 市政府为市民提供了更为便捷和高效的公共服务。S 市在法规制度建设方面的努力也为其他城市提供了宝贵的经验。通过制定《S 市电子政务信息安全管理试行办法》《S 市政务信息资源共享管理办法》等规章制度，S 市为电子政务信息安全的建设和管理提供了明确的法规指导和法律支持。这表明，法规制度的完善是网络安全措施得以落实的重要保障，也为其他地区在构建网络安全法规体系时提供了参考。

3. 压电式实践

(1)变化事件。特别强调安全和保密管理，加强各部门的协作与配合,从根源上减少风险的可能性;加强政民互动,拓宽监测范围。

(2)态势感知。构建总体框架,实施全方位的顶层设计,为各单位提供指引,协同推进各项工作,提升公共服务水平;推动“织网工程”建设共享数据的公共信息资源库,提高政府公共服务水平,为打造服务型政府提供保障。

(3)关键性对齐。制定网络信息安全管理政策法规,为信息安全建设和管理提供指导,增强整体安全性;推进互联网政务平台建设,采用“互联网+政务服务”模式,提高政务服务效率,创新政府管理与服务,更好应对互联网时代的挑战。

9.1.4 W市智慧城市大数据局数据安全建设实践

1. 案例简介

W市智慧城市大数据管理局高度重视数据安全,将其视为工作的首要任务。面对大数据流量的激增和数据应用场景的多样化,该局认识到了数据安全治理的紧迫性和重要性,并据此采取了一系列数据安全建设措施,以有效应对数据整合和共享过程中的安全风险。

为确保数据安全管理的系统性和有效性,智慧城市大数据管理局构建了一套完善的数据安全管理组织架构。该架构明确了数据安全管理人员的职责与权限,通过建立高效的沟通协作机制,确保了各个环节的顺畅运作和协同配合。这一措施不仅提升了数据安全管理的效率,而且为数据安全建设的持续推进打下了坚实的基础。该局制定了一系列全生命周期的数据安全管理制度和规范,确立了一套完整的数据安全流程。这些制度和流程覆盖了数据采集、存储、处理、共享等关键环节,为数据安全管理提供了清晰的操作指南和规范。通过这些规范的制度流程,W市智慧城市大数据管理局能够有效地监控和管理数据安全,及时应对各种潜在的安全风险。

此外,W市智慧城市大数据管理局还建设了一个全面的数据安全管理平台，该平台覆盖了数据安全管理的整个链条。平台的功能包括数据安全行为的监控，数据安全信息的分析、预警、展示和处置，极大地提高了数据安全管理的能力和效率。除了技术平台的建设，该局还组建了一支专业的数据安全运营团队，并提供了一系列数据安全服务，如数据梳理、安全分析、风险评估等，为数据安全管理提供了全方位的支持。这支专业团队的建立，使得数据安全管理和运营更加高效和专业。

W 市智慧城市大数据管理局通过组织架构的建立、制度流程的制定、技术平台的建设和专业团队的组建等多方面的措施，显著提升了数据安全管理的整体能力。这不仅加强了 W 市对安全风险的识别和响应，还确保了 W 市对安全事件的快速和有效处理，最大限度地保障了数据的安全性。这些努力不仅提高了 W 市数据安全管理的水平，而且为智慧城市中大数据应用的智能化和可持续发展提供了坚实的基础和有力支撑。

2. 案例分析

建立完善的组织架构和沟通机制是信息安全管理的关键步骤。确立数据安全管理的组织架构，明晰管理人员的职责与权限，是确保网络安全管理有序进行的基础。通过构建有效的沟通协作机制，可以促进跨部门的信息流通和协同作业，从而提升网络安全事件的响应速度和处理质量。在此基础上，制定一套覆盖数据全生命周期的安全管理制度和规范，对于保障网络安全管理的有效性至关重要。这些制度和流程应涵盖数据采集、存储、处理、共享等各个环节，为组织提供标准化、规范化的安全管理操作指南，有助于提升安全防护的整体水平，降低安全风险的发生概率。

此外，构建一个全面覆盖数据安全管理链条的平台，也是提升网络安全管理能力的重要措施。该平台应具备监控、研判、预警、展示和处置数据安全信息的功能，使网络安全管理更为系统化和自动化，有效提升组织对数据安全态势的掌控能力。通过建立专业的数据安全运营队伍，提供一系列数据安全服务，如数据梳理、安全分析、风险评估等，能够帮助组织更专业地开展网络安全管理工作，提高组织应对安全事件的能力。这些专业的服务和队伍可以帮助组织及时发现和解决安全问题，保障数据安全，提升整体的安全水平。

3. 压电式实践

(1)变化事件。通过建立数据安全管理组织架构和制度流程，W 市智慧城市大数据管理局能够及时识别数据安全领域的各种潜在风险，从而采取相应的措施进行应对和预防。

(2)态势感知。建设数据安全管理平台和专业的数据安全运营队伍，使他们能够在面临突发重大安全事件时快速响应，并有效地进行应急处理，最大限度地减少了安全事件造成的损失。

(3)关键性对齐。通过建立多维度的数据安全体系，实现了数据安全管理与业务发展的关键性对齐，确保了数据安全工作与业务发展目标的一致性和协调性，进一步推动了城市大数据应用的智能化发展。

9.1.5 D 市政务云数据安全治理实践

1. 案例简介

在信息化时代，政府数据的共享与利用是提升政务效能、服务民生的重要途径。D 市开展“政务云数据安全治理实践”工程的目的在于解决政务信息系统整合共享过程中的数据安全问题，以此提高政府服务水平，让公众更加便捷地享受基础公共服务。

D 市的这一实践主要围绕政府数据共享平台的建设，该平台旨在汇总全市统一的信息资源目录清单及共享数据，实现数据资源的共享与互通。通过这一平台，政府各部门和数据使用单位能够更加高效地获取所需数据，从而提升政务工作的效率。然而，随着政府数据共享平台服务范围的扩大，数据安全问题也变得日益显著，尤其是在数据类型多样、涉及国家安全、经济发展、社会民生等重要领域，数据泄露、管理不规范等风险成为政府亟须解决的问题。

为了应对这些挑战，D 市采取了一系列措施，包括建立数据安全组织、制定技术规范及管理规范，从组织机构、制度规范和技术支撑三个维度对整体解决方案进行专门设计。同时，对政府数据共享平台上的所有数据库进行梳理和分类分级，形成数据资产底图，并针对不同敏感级别的数据实施差异化防护。此外，D 市还实现了对敏感数据在“流动”中的使用监控，并通过统一管理平台，实现了对所有数据资产状态、级别、流动和风险的可视化管理。

D 市的政务云数据安全治理实践是一项全面深入的数据安全工程，它不仅解决了政府数据共享平台中存在的安全隐患，还提高了政府数据资源的管理和利用效率，为进一步推动政务信息化建设提供了有力保障。通过对大数据共享平台的整体安全防护解决方案的设计与实施，D 市显著提升了平台的数据安全防护能力，满足了相关政策法规的要求，增强了各市直单位将更多数据共享至大数据共享平台的信心。

2. 案例分析

通过建立数据安全组织，明确数据安全岗位人员的职责和权限，D 市为网络安全管理提供了组织上的保障。这有助于确保网络安全管理工作有序、高效地开展。D 市制定了技术规范及管理规范，涵盖了数据安全管理的各个方面，从组织机构到技术支撑，为网络安全管理提供了规范和标准。这有助于确保网络安全管理行为合规、规范。

通过对政府数据共享平台上的所有数据库进行梳理和分类分级，D 市建立了数据资产底图，并针对不同敏感级别的数据进行了差异化的防护。这有助于网络安全管理更加精细地对不同级别的数据进行管理和保护。D 市对不同敏感级别的数据进行了差异化防护，根据数据的敏感级别进行监控、攻击防护、操作管控、加密等技术操作，确保了数据的安全性。这有助于网络安全管理更加精细地对数据进行管控和保护。通过实现敏感数据在流转过程中的使用监控，并通过统一管理平台实现数据资产及风险的可视化管理,D 市确保了敏感数据的安全使用。这有助于网络安全管理更加全面地了解数据的使用情况,及时发现并解决安全问题。

3. 压电式实践

(1)变化事件。D 市在项目初期就认识到政府数据共享平台存在的安全风险,如缺乏顶层数据安全体系和专职人员。通过调研,D 市建立了数据安全组织和制度规范,为后续安全管理奠定基础。

(2)态势感知。D 市建立了数据梳理分类分级机制,实现了对数据资产的清晰管控;建设了数据分级管控体系,保护不同敏感级别数据;实现了敏感数据流转监控及回溯,确保敏感数据安全使用,迅速应对安全事件,保障政务数据安全性。

(3)关键性对齐。D 市始终将安全管理与相关政策法规对齐。通过制定技术规范及管理规范,D 市确保了安全管理的合规性;通过统一管理平台,D 市实现了数据资产及风险可视化管理,满足了政策法规要求,为政府数据安全提供了保障。

9.2 压电式信息安全管理的企业实践

9.2.1 T 企业遭遇病毒入侵

1. 案例简介

2018 年某天,T 企业遭遇了一场严重的网络攻击事件,不仅对企业自身造成了严重的经济损失,也对全球芯片产业产生了深远的影响。当晚,T 企业检测到勒索病毒的入侵,生产线被迫停止运转,三天内的经济损失高达 11.5 亿元人民币。该事件导致该企业对部分客户交货延迟,第三季度营收减少约 3%,毛利率降低约为 1 个百分点。

在事后召开的记者会上,T 企业总裁指出,事故起因是新设备安装过程中的操作失误，未能在设备联网前进行隔离和病毒检查，导致病毒迅速扩散至整个生产网络。此次网络攻击不仅对企业自身造成了负面影响，也对其客户及整个供应链造成了冲击。T 企业已经向大多数客户通报了事件的相关情况，正努力减少该事件对交货时间的影响，以维护客户信任。本次攻击事件也促使 T 企业重新审视并加强了整体的安全流程管理。企业将采用更加自动化的系统，确保新设备在安装过程中先隔离再联网，以降低人为操作的风险，提升网络防范的自动化水平。

本次网络攻击事件也暴露出 T 企业内部网络设备未能及时更新安全补丁的问题。尽管相关的安全补丁早已发布，但考虑到升级可能引发兼容性问题，许多企业依然运行着存在安全漏洞的系统，给各类网络攻击提供了可乘之机。同时，本事件也为整个制造业敲响了警钟，凸显了安全意识与规范操作培训的必要性，提醒所有企业必须采取更为严格的网络安全措施。

2. 案例分析

本案例揭示了制造业企业在网络安全防护方面存在薄弱环节，尤其体现在内部安全措施的落实上。首先，安全补丁更新不及时。在网络安全实践中，及时应用操作系统和软件的安全补丁是防御已知漏洞攻击的基础策略。微软公司已于 2017 年 3 月发布了针对相关漏洞的安全补丁，但 T 企业未能及时部署，从而留下了安全隐患。其次，设备和系统更新周期长。制造业中的设备和系统往往设计为长期使用，这导致它们在很长一段时间内保持不变的配置。这种长期未更新的设备更容易成为攻击者的目标，因为它们可能存在未被修补的安全漏洞。最后，员工安全意识以及操作规范性不足。人为因素在此次攻击事件中也扮演着重要角色，员工的操作失误导致了病毒的快速传播，凸显了员工网络安全意识和技能培训的重要性。制造业企业应持续加强员工的安全意识与技能培训，提高员工对潜在威胁的识别和应对能力。总之，企业在保障生产效率的同时，更要平衡网络安全的需求，构建立体化的网络安全防线。

3. 压电式实践

(1)变化事件。企业需要认识到网络安全不仅仅涉及技术问题,更涉及企业内部流程、员工培训和安全意识的提高。企业应及时更新安全系统,加强自身防范,化解网络安全风险的能力。

(2)态势感知。制造业企业需要更加注重工控系统的安全性。这包括定期更新系统和设备的软件、采用网络隔离措施、引入入侵检测系统等。通过评估工控系统的安全性,企业能够及时发现并修复潜在威胁,提高系统整体的安全性。完善自动化流程,提高企业响应速度。

(3)关键性对齐。面对网络攻击带来的影响,企业要积极与客户沟通合作,维护客户信任。在加强网络安全的同时,企业要着眼于客户关系的维护和管理;要对企业整体安全流程进行再审视,采用更先进的自动系统来处理网络防范,提高系统自动化程度,降低人为失误的可能性。

9.2.2 D企业网络攻击案

1. 案例简介

D企业致力于通过互联网平台提供家纺产品的销售服务。其家纺电商平台成功吸引了8000多家入驻商家,行业用户接近50万人,商品总数超过6400万件,成为当地家纺电商服务行业的领军企业。然而,企业成功的背后往往伴随着竞争与挑战。2017年12月12日,企业迎来了电商销售的高峰期"双12"。与平常相比,企业的服务器开始接收到超乎寻常的访问请求,但这并非来自真实用户,而是源于一场网络"风暴"。

这场"风暴"的前奏始于2017年6月,企业的竞争对手E企业怀疑D企业攻击了其网站,曾到公安局报案,但由于缺乏确凿的证据而使问题未能获得解决。E企业不甘心失败,决定采取行动,进行所谓的"反击"。"双12"这一天,网络攻击正式展开。由E企业指挥的网络小队发动了一场高密度攻击，导致 D 企业网站在当天的某个时段完全瘫痪。具体表现为用户无法正常交易且网站无法打开，引发了大量用户投诉。为了应对流量攻击，D 企业不得不紧急聘请专业的安全防护公司。虽然在防护升级后，网站已恢复正常，然而这次攻击对 D 企业来说是一次巨大的打击。直接造成的经济损失仅是冰山一角，间接造成的信誉受损以及商家和客户的流失等难以估量的损失也成为企业未来发展的隐忧。

2018 年 1 月，D 企业向公安机关报案，称其网站遭受黑客攻击。公安机关立即展开调查，E 企业的法定代表人万某、技术总监杨某以及黑客朱某相继被捕。2019 年 10 月，法院以破坏计算机信息系统罪判处 E 企业罚金 10 万元，对万某等人分别判处有期徒刑二至三年不等的刑罚。

2. 案例分析

本案例的典型性在于它将国内民营企业网络安全与企业恶意竞争相结合。一方面，它反映了国内民营企业尤其是初创企业在加强网络信息安全建设和风险防范方面有许多不足，国家相关部门应加强审批，相关企业应加强自身网络安全防护能力建设。另一方面，竞争市场上企业之间使用网络攻击作为竞争手段是否合法、如何处置等问题值得探讨。

此外，企业还要注意关键时间点的网络安全风险防范。正如本案例所呈现的，“双 12”是电商企业的重要营销节点，如果此时网络受到攻击而崩溃，将极大地影响其经营活动。因此，企业应当在关键时间阶段着重防范，聘请专业的网络安全团队增强企业防护能力。

3. 压电式实践

(1)变化事件。数字化时代，企业不仅需要关注产品和服务的质量，还必须将网络安全纳入竞争策略的重要组成部分，以维护业务的可持续发展。在识别风险的过程中，需要考虑市场因素。

(2)态势感知。企业在关键时刻的网络安全重要性。对于企业而言，强化在重要时间节点的网络防范措施，提前做好安全预案，是保障业务连续性和用户体验的关键，也是能够高效响应网络安全风险的有效保障。

(3)关键性对齐。在应对网络攻击方面,本案例强调了聘请专业团队的必要性。雇佣专业团队能够为企业提供高效的安全解决方案,对抗各种攻击手段,并帮助企业在攻击后进行及时的恢复。

9.2.3 S企业学生数据倒卖事件

1. 案例简介

2022年,网络安全团队M78披露了教育行业S企业数据库被黑客非法出售的消息,泄露的数据包括学生的姓名、手机号、学号、性别、邮箱及用户密码等敏感信息,泄露的信息数量总计高达1亿7273万条,这种规模的数据泄露对个人隐私构成了巨大威胁。更令人担忧的是,黑客通过非法途径出售这些敏感数据,声称拥有包括学校名以及学生的姓名、手机号、学号、性别、邮箱等信息,其中还包括1076万条用户密码。事件曝光后,学生用户在社交平台上表达了对S企业的疑虑,有的学生用户发现登录后的使用次数异常,怀疑这与数据泄露有关。

面对质疑,S企业迅速做出回应,否认存储用户密码,并表示经过技术排查未发现用户信息泄露的证据。同时,S企业宣布已向公安机关报案,公安机关已经介入调查。此前,S企业在2021年因违规收集个人信息被工信部通报并要求整改,但在后续检查中发现其存在多个安全漏洞,包括信息泄露漏洞和逻辑缺陷漏洞,这些漏洞是导致学生数据泄露的直接原因。该事件不仅对学生的个人隐私构成威胁,也引发了公众对网络安全和个人隐私保护的深层次关注,促使企业和政府加强了对信息管理和网络安全的监管与保护。同时,该事件也引起了教育行业对网络安全的反思,教育软件在数字学习时代的重要性不断增加,相应的网络安全保护措施也应随之升级。

2. 案例分析

本案例不仅揭示了技术漏洞、数据隐私保护、用户体验和网络安全等关键问题，也暴露了黑灰产业链的严重威胁，凸显了相关企业在网络安全漏洞修复和合规整改方面的不足。尽管 S 企业曾因违规收集个人信息被通报并要求整改，但其后发现的安全漏洞表明整改措施并未完全落实到位，直接导致了大量学生数据的泄露。

S 企业在事件中的回应和危机公关处理也成为公众关注的焦点。企业否认存储用户密码并声称密码泄露是不实的，但技术排查的结果和回应的及时性使 S 企业受到了用户的质疑。这要求企业在危机公关中应更加透明和及时，以重建用户信任。学生个人信息的泄露对用户构成了直接威胁，这要求用户接受更为强化的网络安全教育，同时企业需要加强风险管理措施，通过技术手段和政策措施来防范数据泄露和黑客攻击。

3. 压电式实践

(1)变化事件。及时识别平台在网络安全方面存在的漏洞，包括信息泄露漏洞和逻辑缺陷漏洞，数据泄露导致用户个人隐私的曝光。风险识别的关键在于发现和理解潜在风险，并及时采取措施进行防范。

(2)态势感知。高效的响应是应对网络安全事件的关键。企业应对突发网络安全事件时应当及时回应。高效的响应不仅仅是迅速发布声明，更需要透明、及时、有说服力的信息披露，以重建用户对平台的信任。在高效响应的同时，企业需要加强内部的技术能力，及时修复漏洞，阻断潜在的攻击路径。

(3)关键性对齐。教育行业网络安全战略应该强调数据保护、隐私保密，并确保用户在使用平台时体验顺畅。

9.2.4　Y 企业内鬼倒卖个人信息事件

1. 案例简介

2020 年有不法分子与 Y 企业多位“内鬼”勾结，通过有偿租用 Y 企业员工系统账号盗取公民个人信息，再层层倒卖信息至下游人员。犯罪嫌疑人首先以每日500元的价格租用了Y企业内部员工系统账号,进入物流系统并导出快递信息,然后倒卖到全国及东南亚等电信诈骗高发区。此次被泄露的信息数量超过40万条,包括发件人地址、姓名、电话以及收件人电话、姓名和地址等,涉案金额达120余万元。

Y企业在对此事件的回应中表示,通过企业调查发现,疑似有加盟网点个别员工与外部不法分子勾结,利用员工账号和第三方非法工具窃取运单信息,导致信息外泄。Y企业将持续通过"制度+技术"手段,采取一系列措施来加强信息安全管理。这些措施包括完善内部账号权限控制、完善信息安全风控系统、加强监控机制、提升加盟网点员工的信息安全意识以及积极协助公安机关打击侵犯用户信息安全的违法行为。此事件的发生,不仅对Y企业,也对整个快递行业乃至所有处理个人信息的企业都敲响了警钟。

2. 案例分析

Y企业的个人信息泄露事件深刻揭示了信息泄露对个人隐私保护和社会安全所带来的严重威胁。此次事件不仅可能导致个人面临身份盗用、金融诈骗和隐私侵犯等风险,还可能被不法分子用于盗窃、诈骗等犯罪活动,从而对社会稳定造成影响。

该事件暴露出Y企业在信息管理体系上存在的缺陷,尤其在内部账号权限控制和员工行为监管方面存在漏洞。这些问题的存在使得企业的信息安全容易受到内部人员和外部黑客的攻击,导致大量敏感信息外泄。因此,企业必须加强对信息安全的管理,建立和完善信息管理体系,提升员工的信息安全意识和技能培训,以确保用户信息的安全和隐私得到保护。可以看到,个人信息在网络上的非法交易已经形成庞大的黑色产业链,政府部门应加强对此类非法活动的监管和打击力度,以维护信息安全和社会秩序。

3. 压电式实践

(1)变化事件。企业未能及时发现内部员工泄露信息的风险,导致事件爆发后才被曝光。

(2)态势感知。企业虽然在事件曝光后发布了声明,但仍需加强内部账号管理和信息安全监控,以便更快速地应对类似事件。

(3)关键性对齐。企业需要进一步加强对法律法规的遵守,建立健全信息安全管理制度,保障用户的合法权益和个人信息安全。

9.2.5　G 银行海外子公司遭遇网络攻击事件

1. 案例简介

2023 年,G 银行旗下的海外全资子公司 C 遭受某网络犯罪组织的勒索软件攻击,该组织在网络上公开确认了本次入侵,并称 G 银行已经支付了赎金,但是并未披露赎金的具体金额。本次攻击导致了 C 公司的部分系统中断,迫使该机构采取紧急措施,通过优盘手动传递结算信息以完成金融交易。

面对攻击,C 公司迅速采取了应对措施,包括切断和隔离受影响的系统,并启动了全面的调查。公司已向执法部门报告此事件,并寻求专业信息安全团队的协助。这种迅速而果断的反应对于最小化潜在损害至关重要。为了提升系统安全,C 公司需要进一步加强其信息安全防御措施。这可能涉及部署或升级网络与信息安全产品,例如端点检测与响应系统以及其他防御和检测设备。同时,定期进行漏洞检测也是提高安全性的关键步骤。此外,加强员工信息安全意识的培训同样至关重要,以降低社会工程学类攻击方式的成功率。此次攻击引起了社会各界的广泛关注,凸显了全球金融行业在网络安全方面所面临的巨大挑战。攻击者采用的勒索软件即服务模式,以及其攻击范围的广泛性,进一步凸显了网络犯罪的严重性和跨行业性。这次攻击可能会激发全球金融业的网络安全军备竞赛,促使银行和其他金融机构提升其网络安全防御水平。

2. 案例分析

C公司工作人员在发现攻击后立即切断并隔离了受影响系统,展开彻底调查并向执法部门报告,在专业信息安全专家团队的支持下推进恢复工作。快速的反应和及时的弥补保障了损失的最小化,这一迅速反应值得肯定。C公司的部分系统在被攻击之后停止运行,这表明该公司的网络安全防护措施仍有提升空间,这也启示金融企业在网络安全建设方面要加强员工信息安全意识的培训,部署或升级网络与信息安全产品。

该案例的另一特殊性在于跨国性。C公司作为中国企业在外国的子公司,交易攻击发生后,由于被攻击的系统被隔离断网,母公司总部和其他海外分支机构并未受到影响,但也导致该机构的金融系统无法清算待处理的某国国债交易,被迫通过优盘发送结算数据。这一行为对该国金融市场也造成了直接或间接的影响,因此跨国企业更应重视网络安全建设,以免引发国际问题。

3. 压电式实践

(1)变化事件。本攻击事件为金融企业提供了一次自查网络安全措施的警示。相关企业应该全面审查其安全体系,及时修复系统漏洞,升级网络防御工具。通过吸取攻击教训,建立更为健全的网络安全架构,以便更好地进行风险识别工作。

(2)态势感知。C公司在遭受攻击后,工作人员立即采取了迅速而有力的应对措施。这种迅速的工作响应有助于控制攻击的蔓延,防止损失的进一步扩大,展现了组织在网络安全事件发生时的高效应对能力。

(3)关键性对齐。进一步加强信息安全防御措施,包括部署或升级网络与信息安全产品,加强员工信息安全意识的培训,并进行定期漏洞检测;加强跨国沟通和合作,减少由于网络安全攻击事件可能造成的对国家之间合作的破坏。

第10章　总结与展望

10.1　本书主要内容及结论

新一代信息技术正在深度赋能组织的信息化和数字化，政府与企业的运营在受益于信息技术与信息系统的同时，也面临着来自信息安全问题的严峻挑战，如何保护组织的信息系统以及相关的数据安全已经上升为战略层面的热点问题。在系统阐述信息安全与信息安全管理内涵的基础上，本书介绍了压电效应与压电理论的核心要素，并引入了压电式信息安全管理的概念：基于压电理论的核心要素（变化事件、态势感知与关键性对齐），为了降低乃至消除信息安全事件的风险，提升组织成员的信息安全意识，促进其信息安全行为，实现保障信息资产机密性、完整性和可用性的信息安全目标，所进行的一系列组织、计划、执行、检查和协调的活动集合。

在三个核心要素中，变化事件是指通过检测和识别可能的风险诱因，界定对组织具有实质性威胁的信息安全事件，可以提炼为"分类分级，识别诱因"的信息安全管理策略；态势感知强调增强对信息安全事件的感知能力，通过准备就绪的系统（人员、制度与技术）高效响应并解决信息安全事件，可以提炼为"意识提升，高效响应"的信息安全管理策略；关键性对齐着眼于调整和协调组织中的人员、制度与技术，重点关注影响业务运作与核心利益的关键资产，从而确保组织业务的连续性与损失的最小化，可以提炼为"资源聚焦，调整协调"的信息安全管理策略。

在压电式信息安全管理框架中，将应力 T 类比为现实世界的各类信息安全事件;推力 P 代表了与信息安全相关的法律法规与各类标准,以及本行业的信息安全管理最佳实践;电场 E 类比为组织制定的风险管理策略;应变 S 反映了压电材料的形变,类比为组织的整体性优化调整以及因此而获得的风险处置能力提升与组织成员的安全意识提升;电位移 D 描述了电荷的运动,将其隐喻为积极的高效响应行为或遵从制度规定的信息安全行为,它也是本书重点研究的对象。本书以政府部门工作人员与典型行业企业员工为样本,基于社会交换理论、技术威胁规避理论、遵从理论、组织控制以及社会规范理论,探讨了上下级关系与组织承诺对政府工作人员以及企业员工信息安全遵从行为的影响机制,并对比了正式控制手段与非正式控制手段对政企人员的作用效果差异。关于信息安全行为的政企对比研究结论可以归纳为以下三个方面。

(1)在促进政府工作人员信息安全遵从行为的过程中,上下级关系与组织承诺扮演着什么样的角色?

首先,上下级关系的情感性维度可以显著促进政府工作人员的信息安全遵从行为,还可通过增进组织承诺来间接地促进信息安全遵从行为。其次,考虑是否遵从信息安全政策时,感知成本与自我效能对低承诺政府工作人员的影响更为显著,两者对高承诺政府工作人员的影响都是不显著的。组织承诺在感知威胁/感知有效性与遵从行为之间没有显著的调节效应。最后,在信息安全的背景下,组织承诺和上下级关系是联结个人与组织场景的重要变量。

(2)在强制性的组织控制环境下(企业员工的信息安全遵从行为得到奖励,违规行为遭受惩罚),上下级关系与组织承诺具有怎样的调节作用?

首先,惩罚期望对企业员工的信息安全遵从行为有显著的促进作用,但奖励期望对遵从行为的主效应是不显著的。其次,虽然上下级关系对企业员工的遵从行为没有显著的直接效应,但是在奖励期望与遵从行为之间起到正向的调节作用:员工与上级的关系越好,奖励期望对信息安全遵从行为的激励作用就越强。最后,组织承诺不仅对员工的信息安全遵从行为有显著的正向作用，还在奖励期望与遵从行为、惩罚期望和遵从行为之间起到显著的负向调节作用。奖励期望和惩罚期望都只在员工的组织承诺水平较低时，对遵从行为有显著的正向影响，对于组织承诺水平高的员工，两者的作用都是不显著的。

(3)正式控制手段与非正式控制手段对政府工作人员信息安全遵从行为的作用效果是否不同于企业员工？如果是，哪些控制手段更适用于政府工作人员，哪些又更适合企业员工？

在政府工作人员的样本中，奖励期望、惩罚期望与示范性规范对信息安全遵从行为的影响是不显著的，但是指令性规范、主观规范和上下级关系对遵从行为均有显著影响；在企业员工样本中，虽然奖励期望、指令性规范与上下级关系对遵从行为的影响是不显著的，但是惩罚期望、示范性规范与主观规范对遵从行为的影响是显著的；多群组分析的结果发现，上下级关系与指令性规范对政府工作人员遵从行为的影响强于企业员工，企业员工对惩罚期望与示范性规范更为敏感，奖励期望与主观规范对政企人员信息安全遵从行为的作用效果没有显著差异。

因此，政府和企业等管理主体如果要像压电式传感器一般高效运转，就必须基于变化事件、态势感知和关键性对齐的行动导向，不断增强组织的风险事件识别能力、高效响应能力与调整协调能力，优化信息安全管理策略、培育信息安全意识并促进信息安全行为，如此方能有效提升信息安全的管理效能。

10.2　研究不足与展望

(1)本书只探究了上下级关系中的情感性维度对信息安全遵从行为的影响，或者说高质量上下级关系的影响作用机理。有学者指出上下级关系是多维度的构念，除情感性外还包括义务性、人情交换和正规交换，因此未来的研究可以探究上下级关系其他维度对信息安全遵从行为的影响及其相互作用。此外，上下级关系的双刃剑效应也已得到了学术界的广泛关注,本书只发现了上下级关系在促进组织成员信息安全遵从过程中的积极作用,但对可能的负面影响并没有进行探讨。未来的研究可以进一步探索上下级关系引起的负面作用以及应对机制。

(2) 本书只聚焦于组织承诺中的情感承诺维度,然而组织承诺的维度划分有很多种类型,例如经典三维度理论中的持续承诺与规范承诺,以及理想承诺、经济承诺与机会承诺等。在情感承诺之外,组织承诺的各个维度在正式控制与非正式控制机制中的中介与调节作用也有待进一步研究和探索。

(3)本书所关注的信息安全遵从行为采用了自报告的数据收集形式,虽然已经通过流程设计和统计检验将可能的影响偏差降到了可以接受的程度,但是这样的数据收集方式仍然存在局限性。未来的研究可以采用更多的数据收集方法,提升信息安全遵从行为的数据质量,如从企业数据库调取操作与违规记录、使用模拟情景或者设计程序进行现场实验或者在自报告的基础上增加上级评价与同事评价等。

(4)本书选择的样本为制定了正式的信息安全政策且包含奖励与惩罚机制的大中型企业,范围涵盖了 IT 行业、金融行业、制造业与通信行业,因此研究结果的适用性可能只局限于类似行业以及大中型企业,在将本书的研究结论应用到其他行业或者小微型企业时应当谨慎。未来的研究可以探讨小微型企业与大型企业员工遵从行为前因变量的影响差异。

(5)本书对信息安全遵从行为的测度基于通用型信息安全政策的情景,也就是覆盖范围比较宽泛的、适用面较广、通用性质的安全制度与规则。与之相对应的,也有组织制定了专用型信息安全政策,即具体的、有明确指令的安全规章与要求,如网络限速以及要求使用或者禁止使用特定软件等。因此,将本书的结论应用于专用型政策的情景时应当谨慎。有学者指出,信息安全政策的类型也是重要的调节变量之一,例如在这两种政策类型的组织情景下,惩罚对信息安全遵从的效应值存在明显的差异。未来的研究可以进一步扩展到正式控制与非正式控制的范畴,检验不同的组织控制方式在通用型政策情景与专用型政策情景之间的效果差异。

(6)本书结合相关理论与实证研究结果提出了压电式信息安全管理的理论框架,该框架在未来需要被进一步论证与优化。随着信息技术的不断发展与网络环境的不断变迁,压电理论的核心要素与管理策略也需要不断更新以适应数智时代复杂多变的安全威胁。此外,压电式信息安全管理在政企实践中的差异也将成为未来的重要研究方向。

附录　信息安全意识测试题库

题库说明：

结合我国企业在信息安全管理领域的实践经验，本书从安全制度管理、人员安全管理和系统运维管理的角度出发，基于压电式信息安全管理的三个核心要素（变化事件、态势感知和关键性对齐）完成了信息安全意识的测试题库设计。该题库可用于企业员工的信息安全意识测试，也可以作为信息安全培训工作的补充材料。

类型说明：

变化事件（change events，CE）强调通过检测和识别可能的风险诱因，界定对组织具有实质性威胁的信息安全事件。此类题目旨在增强组织成员对信息安全事件的感知意识。

态势感知（situation awareness，SA）强调增强对信息安全事件的感知能力，通过准备就绪的系统（人员、制度与技术）高效响应和解决信息安全事件。此类题目旨在增强组织成员面对安全事件的应急处理能力。

关键性对齐（critical alignment，CA）着眼于调整和协调组织中的人员、制度与技术，重点关注影响业务运作与核心利益的关键资产，从而确保组织业务的连续性与损失的最小化。此类题目旨在增强组织成员对关键资产、高危场景与薄弱环节等核心安全管理问题的关注。

A. 安全制度管理

情景 A1（SA）：假设你是公司的信息安全主管，你发现公司尚未制定信息安全管理制度，导致员工在处理敏感数据时缺乏统一的操作标准。面对这种情况，以下做法正确的是(　　)。

A. 立即召开紧急会议，向员工强调信息安全的重要性

B. 发送全员邮件，提醒员工在管理制度出台前暂停处理敏感数据

C. 等待上级指示，在此期间不采取任何行动

D. 开始制定信息安全管理制度，同时通知员工现有做法的潜在风险

正确答案：D

解析：在公司缺失信息安全管理制度的情况下，应立即开始制定信息安全管理制度，并通知员工现有做法的风险，以防止安全事件的发生。

情景 A2(CA)：公司的信息安全制度中缺少对安全工作目标、范围、原则和安全框架的具体说明，导致员工对如何遵守安全制度感到困惑。如果你是公司的信息安全主管，以下做法正确的是(　　)。

A. 继续执行现有制度，直到管理层提供明确说明

B. 更新安全制度，确保包含所有必要的详细信息，并进行全员培训

C. 仅向提出疑问的员工提供口头说明

D. 推迟更新，直到有更多时间进行彻底的审查

正确答案：B

解析：为了减少安全风险、提高员工的遵从程度，应立即更新安全制度，并确保所有员工都接受了系统的培训。

情景 A3(SA)：公司的信息安全管理制度已有两年未进行更新，可能不再适应当前的业务环境。如果你是公司的信息安全主管，以下做法正确的是(　　)。

A. 维持现状，直到有明显迹象表明制度需要更新

B. 仅在发生安全事故后才考虑更新制度

C. 立即安排评审现有安全管理制度，并根据需要进行修编

D. 依赖于员工反馈来确定何时更新信息安全管理制度

正确答案：C

解析：定期评审和更新安全管理制度是确保其反映当前的安全需求

和最佳实践的重要措施。

情景 A4(SA):公司未建立系统变更、重要操作、物理访问和系统接入等重要事项的审批程序,导致这些操作缺乏必要的监督和控制。如果你是公司的信息安全主管,以下做法正确的是(　　)。

A. 允许在没有审批的情况下进行系统变更和操作

B. 建立审批程序,规范所有重要事项的操作流程

C. 仅在操作引起问题时才考虑引入审批程序

D. 依赖于员工的诚信来确保操作的安全性

正确答案:B

解析:建立审批程序可以确保所有重要操作都经过适当的审查,降低安全风险。

情景 A5(CA):公司的安全管理员同时兼任网络管理员、系统管理员、数据库管理员等职位,如果你是公司的信息安全主管,以下做法正确的是(　　)。

A. 明确各个岗位的职责,避免角色冲突,并建立监督机制

B. 允许这种安排,以节省人力资源

C. 仅在必要时允许安全管理员兼任其他角色

D. 不采取任何措施,直到出现问题

正确答案:A

解析:角色分离是信息安全的关键原则,应明确各个岗位的职责,并建立监督机制以避免潜在的风险。

情景 A6(SA):公司未在安全管理制度中明确维护人员的责任,也未对涉外维修和服务的审批、维修过程的监督控制等进行规定。如果你是公司的信息安全主管,以下做法正确的是(　　)。

A. 建立软硬件维护管理制度,明确维护人员的责任和监督控制措施

B. 维持现状,直到出现具体问题

C. 仅在出现问题时才考虑增加管理规定

D. 依赖于维护人员的个人责任感来保证维护工作的安全性

正确答案：A

解析：明确的维护管理制度和责任分配对于保护信息系统的安全至关重要，应建立相应的制度以加强管理。

情景 A7(CA)：作为公司的信息安全主管，你发现与外部合作单位的协议中缺少保密协议及承诺书，以下做法正确的是（　　）。

A. 允许信息共享，不采取保密措施

B. 与外部合作单位补充签订保密协议和承诺书

C. 仅在发生信息泄露时才签订保密协议

D. 依赖于合作单位的诚信进行合作

正确答案：B

解析：保密协议和承诺书是保护公司敏感信息不被泄露的法律保障，与所有外部合作单位签订这些文件应成为信息安全工作的重点内容。

情景 A8(CE)：作为信息安全主管，你发现公司操作系统和数据库系统账号仍在使用 8 位以下纯数字口令，并且这些口令已经多年未变，以下做法正确的是（　　）。

A. 忽视口令长度和复杂度，继续使用现有口令

B. 依赖于员工自觉更换口令

C. 仅在出现安全事件后才考虑更换口令

D. 强制要求所有系统账号使用 8 位以上混合字母、数字和特殊字符的口令，并定期更换

正确答案：D

解析：使用复杂口令并定期更换是基本的安全措施，应成为强制性的安全制度要求，可以有效防止口令破解和账户被盗用。

情景 A9(SA)：作为公司的信息安全主管，你发现本公司未能定期对备份恢复程序和事件应急预案进行演练，以下做法正确的是（　　）。

A. 忽视演练，认为备份系统足以应对灾难

B. 制订演练计划，定期验证备份恢复程序和应急预案的有效性

C. 仅在灾难发生后才考虑演练

D. 依赖于理论分析来评估恢复程序和预案的有效性

正确答案:B

解析:定期演练是确保备份恢复程序和应急预案有效性的关键,可以提高对真实事件的响应能力。

情景 A10(CE):作为信息安全主管,你发现公司没有日常网络监测和值班记录,以下做法正确的是(　　)。

A. 建立日常监测和值班记录制度

B. 忽视记录,认为不影响网络性能

C. 仅在监测到异常时才记录

D. 依赖于员工的自觉性来记录日常活动

正确答案:A

解析:日常监测和值班记录对追踪网络活动和快速响应潜在问题至关重要,应建立相应的记录制度。

情景 A11(CA):作为信息安全主管,你发现公司没有针对信息安全事件的应急物资清单或台账,以下做法正确的是(　　)。

A. 认为应急物资不重要,不采取措施

B. 依赖于员工的自觉性来准备应急物资

C. 仅在发生紧急情况时才考虑应急物资

D. 创建应急物资清单和台账,并定期更新

正确答案:D

解析:应急物资的准备是应对突发安全事件的关键,创建应急物资清单和台账有助于确保在紧急情况下的迅速响应。

B. 人员安全管理

情景 B1(CA):作为信息安全主管,你注意到公司未与关键岗位员工签署保密协议,以下做法正确的是(　　)。

A. 立即开始与关键岗位员工签署保密协议

B. 继续现有流程，不做改变

C. 等待法律顾问的指导后再行动

D. 仅在员工提出疑问时才提供保密协议

正确答案：A

解析：保密协议是保护公司敏感信息的关键措施，应立即开始与关键岗位员工签署保密协议，以避免潜在的信息泄露风险。

情景 B2(SA)：安全意识是评价企业员工是否合格的一个重要标准。作为信息安全主管，你发现公司没有定期对员工进行安全意识培训，以下做法正确的是(　　)。

A. 出于节省开支的考虑，不需要定期培训

B. 定期安排系统的安全意识培训

C. 仅在安全事件发生后才进行培训

D. 依赖于员工自行更新安全知识

正确答案：B

解析：定期的安全意识更新培训有助于保持员工对最新安全威胁的认识，是维护信息安全的重要措施。

情景 B3(CA)：作为公司信息安全主管，你发现公司的系统管理员离职，但未撤销其系统访问权限，以下做法正确的是(　　)。

A. 等待管理员自行放弃权限

B. 标记账户以供将来审计

C. 依赖于员工的诚信归还访问权限

D. 立即撤销离职员工的所有系统访问权限

正确答案：D

解析：及时撤销离职员工的访问权限是保障系统安全的基本措施，可以防止未授权的系统访问。

情景 B4(CE)：作为信息安全主管，你发现有员工在未经授权的情况下分享敏感数据，以下做法正确的是(　　)。

A. 忽视此次行为,不采取任何措施

B. 仅在数据泄露造成影响时才采取行动

C. 对涉事员工进行安全政策教育,并强化数据访问控制

D. 依赖于员工的自觉性来保护数据

正确答案:C

解析:对违规行为进行教育和强化访问控制是防止未来数据泄露的重要步骤。

情景 B5(CE):作为信息安全主管,你发现公司的安全管理制度中未包含对第三方人员管理的规定,以下做法正确的是(　　)。

A. 更新安全管理制度,明确第三方人员的管理内容

B. 继续现有制度,不做改变

C. 仅在第三方人员暴露问题时才考虑管理措施

D. 依赖于第三方人员的自觉性来遵守安全规定

正确答案:A

解析:明确第三方人员的管理规定对于维护公司的安全管理至关重要,可以减少潜在的安全风险。

情景 B6(CE):公司员工岗位变动后,未及时通知信息系统运维人员更新权限。假设你是公司的信息安全主管,在发现该情况后,以下做法正确的是(　　)。

A. 允许现状继续,不做改变

B. 建立流程,确保岗位变动时及时更新权限

C. 仅在发现权限问题时才采取行动

D. 依赖于员工自己报告岗位变动情况

正确答案:B

解析:建立明确的岗位变动通知流程对于防止未授权访问和保护信息安全至关重要。

情景 B7(SA):公司未对外部访问人员进行安全管理,作为公司的信息安全主管,以下做法正确的是(　　)。

A. 允许外部人员自由访问，不做限制

B. 依赖于外部访问人员的自觉性

C. 仅在外部访问引起问题时才考虑管理

D. 实施外部访问管理措施，包括审查和监督

正确答案：D

解析：外部访问管理措施有助于保护公司信息不受未授权访问和泄露。

情景 B8(CA)：作为公司的信息安全主管，你发现公司未定期对关键岗位人员进行安全审查和技能考核，以下做法正确的是（　　）。

A. 继续现有做法，不做改变

B. 编制定期审查和技能考核计划

C. 仅在关键岗位人员表现出问题时才进行审查

D. 依赖于员工的自觉性来维护安全标准

正确答案：B

解析：定期的安全审查和技能考核有助于确保关键岗位人员符合公司的信息安全要求。

情景 B9(SA)：作为公司的信息安全主管，你发现公司未对离职员工的信息系统账户进行及时的禁用或删除，以下做法正确的是（　　）。

A. 制定流程，确保离职员工的账户被及时禁用或删除

B. 允许账户保持活跃，不做改变

C. 仅在账户被滥用时才采取行动

D. 依赖于员工的自觉性来注销账户

正确答案：A

解析：及时禁用或删除离职员工的账户是防止未授权访问和保护公司信息安全的基本措施。

情景 B10(SA)：作为信息安全主管，你发现系统的管理员账户具备业务操作权限，根据信息安全最佳实践，以下做法正确的是（　　）。

A. 忽略此配置问题，认为管理员账户需要这些权限以高效执行其

管理职责

B. 依赖于管理员的个人职业操守,相信他们不会滥用额外权限

C. 仅在安全事件发生后才考虑对权限配置进行必要的调整

D. 立即审查并重新配置权限,确保管理员账户仅拥有执行其职责所必需的最小权限集

正确答案:D

解析:最小权限原则是信息安全管理的核心原则之一,要求用户和系统账户仅拥有完成其任务所必需的最小权限。遵循此原则有助于降低安全风险,防止内部威胁和误操作。

情景B11(CA):作为信息安全主管,你发现有员工在连接互联网的计算机上处理和存储涉及国家秘密的信息,以下做法正确的是(　　)。

A. 忽视这一行为,认为互联网连接安全

B. 立即制止该行为,并对员工进行安全意识教育

C. 仅在信息泄露后才采取行动

D. 依赖于员工自觉遵守安全规定

正确答案:B

解析:对国家秘密信息的处理和存储应在安全的内网环境中进行,避免在连接互联网的计算机上操作,以防止数据泄露。

C. 系统运维管理

情景C1(CA):作为信息安全主管,你发现开发环境与工作环境未纳入信息内网统一管理,以下做法正确的是(　　)。

A. 将开发环境与工作环境纳入信息内网统一管理

B. 允许开发环境与工作环境保持现状

C. 仅在出现安全问题时才考虑管理

D. 依赖于开发团队的自我管理

正确答案:A

解析：开发环境与工作环境应纳入信息内网统一管理，以确保安全控制措施得到有效执行。

情景 C2(CE)：作为信息安全主管，你发现公司的开发环境与实际运行环境并未分离，以下做法正确的是（　　）。

A. 允许开发和运行环境共存，以便于开发和测试

B. 对开发环境和实际运行环境实施物理分离

C. 仅在发现安全风险时才考虑分离

D. 仅依赖于开发和运维团队的协调

正确答案：B

解析：开发环境和实际运行环境的物理分离是防止潜在安全威胁和误操作的重要措施。

情景 C3(SA)：作为信息安全主管，你发现有信息处理设备未经审批就被带离机房，以下做法正确的是（　　）。

A. 忽视这一行为，认为可能是紧急需要

B. 依赖于员工的诚信来保证设备安全

C. 仅在设备丢失或被盗时才采取行动

D. 立即检查并确保所有设备移动都经过审批

正确答案：D

解析：确保所有设备移动经过审批是防止设备丢失和未授权访问的重要措施。

情景 C4(SA)：作为信息安全主管，你发现公司的运行日志和审核记录未被保存，导致无法为安全事件提供证据，以下做法正确的是（　　）。

A. 忽视记录保存，认为不会影响日常操作

B. 仅在需要调查事件时才考虑保存记录

C. 确保所有运行日志和审核记录被妥善保存和备份

D. 依赖于系统自动保存功能来维护记录

正确答案：C

解析：保存运行日志和审核记录对于追踪系统活动和调查安全事件

非常重要,应确保这些记录被妥善保存。

情景 C5(CE):作为信息安全主管,你发现公司信息内网与外网之间未实现物理隔离或逻辑隔离,下列做法正确的是(　　)。

A. 忽视隔离问题,继续日常工作

B. 部署物理或逻辑隔离装置,确保内外网安全

C. 仅在发生安全事件时才考虑隔离措施

D. 依赖于网络防火墙来提供足够的安全保护

正确答案:B

解析:物理或逻辑隔离是防止未经授权的访问和潜在网络攻击的重要措施。

情景 C6(CA):作为信息安全主管,你注意到智能终端通过无线方式接入信息内网时未经过安全接入平台,以下做法正确的是(　　)。

A. 要求所有智能终端在连接至信息内网前必须先连接至安全接入平台

B. 考虑到无线接入方便员工,忽视这一做法

C. 仅在发现无线网络安全问题时才采取措施

D. 依赖于终端用户的安全意识来保护网络

正确答案:A

解析:安全接入平台的使用可以确保只有经过验证和授权的设备才能连接至内网,增强无线网络的安全性。

情景 C7(CE):作为信息安全主管,你发现网络防恶意代码系统未及时更新恶意代码库,以下做法正确的是(　　)。

A. 忽视更新,认为当前代码库足够应对威胁

B. 仅在恶意代码库过时导致安全事件时才更新代码库

C. 指定专人负责并及时更新防恶意代码软件版本和代码库

D. 依赖于自动更新功能来保持代码库最新

正确答案:C

解析:及时更新防恶意代码软件版本和代码库对保护网络免受最新

恶意软件威胁至关重要。

情景 C8(CA):作为信息安全主管,你发现内网计算机配置了无线设备,以下做法正确的是(　　)。

A. 忽视无线设备的配置,认为它们方便员工

B. 移除所有内网计算机上的无线设备,并加强物理安全措施

C. 仅在无线设备引起安全问题时才采取行动

D. 依赖于无线设备的默认安全设置

正确答案:B

解析:无线设备可能成为安全漏洞,应从处理敏感信息的内网计算机上移除。

情景 C9(CE):作为信息安全主管,你注意到公司的操作系统和数据库未限制失败登录尝试次数,以下做法正确的是(　　)。

A. 忽视这一设置,认为用户最终能够登录

B. 依赖于用户的耐心和理解,避免尝试多次登录

C. 仅在发生多次登录尝试时才考虑采取措施

D. 启用登录失败处理功能,限制连续失败登录尝试次数

正确答案:D

解析:限制失败登录尝试次数可以防止暴力破解攻击,增强系统安全性。

情景 C10(CE):作为信息安全主管,你注意到 Windows 自动播放功能在公司计算机上被启用,以下做法正确的是(　　)。

A. 关闭所有计算机的自动播放功能,以防止恶意软件传播

B. 出于方便员工工作的考虑,允许启用自动播放功能

C. 仅在自动播放功能引起问题时才关闭它

D. 依赖于员工的警惕性来避免使用不安全的移动存储设备

正确答案:A

解析:关闭自动播放功能可以防止通过移动存储设备自动运行恶意软件,提高系统安全性。

情景 C11(SA):作为信息安全主管,你发现服务器操作系统及数据库系统未及时更新补丁,你应该(　　)。

A. 忽视未更新的补丁,认为系统当前没有安全问题

B. 立即更新所有服务器操作系统和数据库系统的补丁

C. 仅在出现安全漏洞时才更新补丁

D. 依赖于防病毒软件来保护未打补丁的系统

正确答案:B

解析:及时更新系统补丁是防止已知漏洞被利用的重要措施,应优先考虑。

情景 C12(CE):作为信息安全主管,当你注意到移动存储介质在内网和外网间交叉使用时,你应该(　　)。

A. 忽视交叉使用,认为这样方便员工

B. 仅在发现病毒传播时才考虑管理措施

C. 建立移动存储介质的使用规范,禁止交叉使用

D. 依赖于员工的自我管理来避免交叉使用

正确答案:C

解析:规范移动存储介质的使用可以防止恶意软件的传播和数据的泄露。

情景 C13(CE):作为公司的信息安全主管,你注意到员工使用个人云存储服务存储公司文件,以下做法正确的是(　　)。

A. 忽视这一行为,因为使用云存储可以提高工作效率

B. 依赖于员工的自我管理来保护公司文件

C. 等到发现数据泄露时再考虑管理措施

D. 禁止使用未经批准的云存储服务,并提供公司批准的存储解决方案

正确答案:D

解析:未经批准的云存储服务可能带来数据泄露风险,应提供公司批准的存储解决方案并禁止使用其他服务。

参考文献

陈昊，李文立，陈立荣，2016. 组织控制与信息安全制度遵守：面子倾向的调节效应[J]. 管理科学，29(3)：1－12.

陈昊，李文立，2018. 基于情绪中介的信息安全保护行为研究[J]. 科研管理，39(6)：48－56.

陈美，2014. 国家信息安全协同治理：美国的经验与启示[J]. 情报杂志，33(2)：10－14.

崔智淞，王弘钰，2019. 上下级关系对员工建设性越轨行为的激活机制研究：一个被中介的调节模型[J]. 预测，38(1)：8－14.

董新宇，刘晨晖，2023. 数智化转型下的政府数据安全治理：时代内涵、核心理念及实践路径[J]. 信息技术与管理应用，2(1)：32－39.

费孝通，2008. 乡土中国[M]. 北京：人民出版社.

冯必扬，2011. 人情社会与契约社会：基于社会交换理论的视角[J]. 社会科学(9)：67－75.

付博，于桂兰，梁潇杰，2019. 上下级关系实践对员工工作绩效的“双刃剑”效应：一项跨层次分析[J]. 科研管理，40(8)：273－283.

盖凯程，韩文龙，2024. 新质生产力[M]. 北京：中国社会科学出版社.

高长银，2020. 基于晶体变形的压电理论及应用[M]. 北京：化学工业出版社.

顾穗珊，刘姗姗，2019. 信息安全管理体系构建与对策研究[J]. 情报科学，37(8)：108－113.

郭晓薇，2011. 中国情境中的上下级关系构念研究述评：兼论领导-成员交换理论的本土贴切性[J]. 南开管理评论，14(2)：61－68.

郭晓薇，范伟，2018. 基于整合构念的中国情境下员工上下级关系量表开发与检验[J]. 管理学报，15(1)：20－29.

郭晓薇，李成彦，2015. 中国人的上下级关系：整合构念的建立与初步检验[J]. 管理学报，12(2)：167－177.

胡峰，2021. 基于压电式理论的政府数据安全治理体系构建及实现路径研究[J]. 电子政务(11)：103－116.

黄杜鹃，叶江峰，张古鹏，2019. 与上司关系融洽有利于中层管理者抑制性建言吗?：一个有调节的中介模型[J]. 科研管理，40(11)：276－284.

黄光国，2010. 人情与面子：中国人的权力游戏[M]. 北京：中国人民大学出版社.

江明灶，2018. 响应式安全：构建企业信息安全体系[M]. 北京：电子工业出版社.

李红，2019. 政府机关网络信息安全管理研究[J]. 电脑知识与技术，15(30)：25－26.

李晶，2014. 信息安全行为研究现状与发展动态述评[J]. 图书情报工作，58(24)：126－130.

李晶，王文韬，谢阳群，2015. 组织信息安全文化的角色与建构研究[J]. 情报杂志，34(3)：162－166.

李凯，孙旭丽，严建援，2013. 移动支付系统使用意愿影响因素分析：基于交换理论的实证研究[J]. 管理评论，25(3)：91－100.

李明，2017. 美国网络安全事件响应预案制度研究[J]. 电子政务(8)：32－40.

李文立，陈昊，2018. 企业员工的信息安全行为研究[M]. 北京：科学出版社.

李瀛，李睿，吴娜等，2019. 用户隐私管理与信息安全行为研究[M]. 北京：经济科学出版社.

李云，李锡元，2015. 上下级“关系”影响中层管理者职业成长的作用机理：组织结构与组织人际氛围的调节作用[J]. 管理评论，27(6)：

120－127.

梁漱溟，2011. 中国文化要义[M]. 上海：上海人民出版社.

梁潇杰，于桂兰，付博，2019. 与上级关系好的员工一定会建言吗？基于资源保存理论的双中介模型[J]. 管理评论，31(4)：128－137.

刘晨晖，黄浩源，董新宇，2024. 技术压力对公务员信息安全行为的影响机制：基于SEM和ANN的混合方法[J]. 情报杂志，43(5)：201－207.

刘晨晖，王能民，2021. 基于压电式理论的网络安全事件应急响应体系：美国的实践启示[J]. 情报杂志，40(3)：112－117.

刘晨晖，王能民，2022. 组织控制对信息安全遵从行为的影响：上下级关系与组织承诺的调节作用[J]. 管理评论，34(9)：208－220.

刘顿，古继宝，2018. 领导发展性反馈、员工工作卷入与建言行为：员工情绪智力调节作用[J]. 管理评论，30(3)：128－139.

刘小平，2005. 组织承诺综合形成模型的验证研究[J]. 科研管理，26(1)：87－93.

刘小平，2011. 员工组织承诺的形成过程：内部机制和外部影响：基于社会交换理论的实证研究[J]. 管理世界，27(11)：92－104.

刘小平，2012. 中国情境下的员工组织承诺研究[M]. 北京：社会科学文献出版社.

刘永根，2015. 社会交换论：古典根源与当代进展[M]. 上海：上海人民出版社.

吕鸿江，吴亮，赵兴华，2020. 正式与非正式管理控制匹配：模式比较与演进规律[J]. 预测，39(1)：17－25.

马民虎，方婷，王玥，2016. 美国网络安全信息共享机制及对我国的启示[J]. 情报杂志，35(3)：17－23.

孟庆国，林彤，乔元波，等，2020. 中国地方政府大数据管理机构建设与演变：基于第八次机构改革的对比分析[J]. 电子政务(10)：29－38.

彭海艳，何振，2022. 人工智能背景下政府数据安全治理的现实困境与应对策略研究[J]. 云南社会科学(3)：29－37.

奇安信，2021. 内生安全：新一代网络安全框架体系与实践[M]. 北京：人民邮电出版社.

奇安信安服团队，2019. 应急响应：网络安全的预防、发现、处置和恢复[M]. 北京：电子工业出版社.

戚振江，朱纪平，2007. 组织承诺理论及其研究新进展[J]. 浙江大学学报(人文社会科学版)，37(6)：90－98.

冉从敬，段文娇，何梦婷，2024. 主权视角下重要数据治理体系构建：基于压电式理论[J]. 信息资源管理学报，14(1)：33－43.

冉连，张曦，2021. 地方政府数据开放全生命周期安全管理政策研究：基于全国17个省级政府的政策文本分析[J]. 情报杂志，40(8)：111－118.

任孝鹏，王辉，2005. 领导-部属交换(LMX)的回顾与展望[J]. 心理科学进展(6)：86－95.

苏伟琳，林新奇，2019. 上级发展性反馈对员工建言行为影响的双路径分析：基于社会交换理论与社会认知理论的视角[J]. 经济经纬，36(5)：112－119.

王秉，王渊洁，张志宏，2023. 压电安全管理及其模型[J]. 中国安全科学学报，33(9)：1－9.

王念新，施慧，王志英，等，2018. 信息安全威胁的应对行为：基于云计算情境的实证研究[J]. 系统管理学报，27(4)：683－693.

王世伟，2015. 论信息安全、网络安全、网络空间安全[J]. 中国图书馆学报，41(2)：72－84.

王世伟，2016. 论大数据时代信息安全的新特点与新要求[J]. 图书情报工作，60(6)：5－14.

王益民，2024. 中国数字政府建设报告(2023)[M]. 北京：社会科学文献出版社.

王震，许灏颖，宋萌，2018. “说话算话”的领导让下属更效忠：中国传统“报”文化视角下的领导言行一致与下属忠诚[J]. 管理评论，

30(4)：106－119.

吴川徽，黄仕靖，袁勤俭，2020. 社会交换理论及其在信息系统领域的应用与展望[J]. 情报理论与实践，43(8)：70－76.

武珊珊，2020. 总体国家安全观视域下信息安全的刑法保护[M]. 哈尔滨：哈尔滨工业大学出版社.

吴士健，孙专专，刘新民，等，2020. 家长式领导有助于员工利他行为吗?：基于中国情境的多重中介效应研究[J]. 管理评论，32(2)：205－217.

谢宗晓，王兴起，2016. 信息安全管理研究回顾与述评[J]. 图书馆论坛，36(5)：87－94.

谢宗晓，2015. 信息安全、网络安全及赛博安全相关词汇辨析[J]. 中国标准导报,(12)：30－32.

薛澜，2024. 总体国家安全观研究[M]. 北京：社会科学文献出版社.

薛丽敏，韩松，林晨希，等，2019. 信息安全管理[M]. 北京：国防工业出版社.

严承华，陈璐，赵俊阁，2017. 信息安全工程[M]. 北京：清华大学出版社.

严进，付琛，郑玫，2011. 组织中上下级值得信任的行为研究[J]. 管理评论，23(2)：99－106

杨蕾，袁晓光，2020. 数据安全治理研究[M]. 北京：知识产权出版社.

用友平台与数据智能团队，2021. 一本书讲透数据治理：战略、方法、工具与实践[M]. 北京：机械工业出版社.

于维娜，樊耘，张婕，等，2015. 宽恕视角下辱虐管理对工作绩效的影响：下属传统性和上下级关系的作用[J]. 南开管理评论，18(6)：16－25.

曾忠平，杨哲，刘春梅，2014. 用户信息安全行为研究述评[J]. 情报杂志，33(12)：184－188.

张文慧，王辉，2013. 中国企业战略型领导的三元模式[J]. 管理世界，

(7):94－112.

张雪芹，张立，顾春华，2019. 社交网络中社会工程学威胁定量评估[J]. 浙江大学学报(工学版)，53(5)：837－842.

张臻，孙宝云，李波洋，2018. 美国网络安全应急管理体系及其启示[J]. 情报杂志，37(3)：94－98.

张志学，张建君，梁钧平，2006. 企业制度和企业文化的功效：组织控制的观点[J]. 经济科学，(1)：117－128

赵立波，窦泽秀，于慎澄，2005. 关于完善党政领导干部选拔任用机制研究[J]. 理论学刊(6)：4－7.

赵战生，谢宗晓，2016. 信息安全风险评估[M]. 北京：中国质检出版社.

赵战生，谢宗晓，2016. 信息安全风险评估[M]. 2 版. 北京：中国质检出版社.

周浩，2014. 家长式领导对下属进谏行为的影响：基于关系的视角[J]. 四川大学学报(哲学社会科学版)，(4)：139－148.

朱建明，王秀利，2015. 信息安全导论[M]. 北京：清华大学出版社.

总体国家安全观研究中心，2023. 总体国家安全观透视：历史长河、全球视野、哲学思维[M]. 北京：时事出版社.

AHMAD Z, ONG T S, LIEW T H, et al., 2019. Security monitoring and information security assurance behaviour among employees [J]. Information & Computer Security, 27(2), 165－188.

ALLEN N J, MEYER J P, 1990. The measurement and antecedents of affective, continuance and normative commitment to the organization [J]. Journal of occupational psychology, 63(1): 1－18.

ALMINDEEL R, MARTINS J T, 2020. Information security awareness in a developing country context: insights from the government sector in Saudi Arabia[J]. Information Technology & People, 34(2): 770－788.

AURIGEMMA S, LEONARD L, 2015. The Influence of Employee

Affective Organizational Commitment on Security Policy Attitudes and Compliance Intentions [J]. Journal of Information System Security, 11(3): 201 - 222.

BASKERVILLE R, 1991. Risk analysis: an interpretive feasibility tool in justifying information systems security[J]. European Journal of Information Systems, 1(2): 121 - 130.

BASKERVILLE R, SIPONEN M, 2002. An information security meta-policy for emergent organizations [J]. Logistics Information Management, 15(5/6): 337 - 346.

BECKER H S, 1960. Notes on the concept of commitment[J]. American journal of Sociology, 66(1): 32 - 40.

BLAU P M, 1964. Exchange and power in social life[M]. New York: Wiley.

BOSS S R, KIRSCH L J, ANGERMEIER I, et al., 2009. If someone is watching, I'll do what I'm asked: mandatoriness, control, and information security[J]. European Journal of Information Systems, 18(2): 151 - 164.

BREWER M B, CHEN Y, 2007. Where (who) are collectives in collectivism? Toward conceptual clarification of individualism and collectivism[J]. Psychological review, 114(1): 133.

BUELENS M, VAN DEN BROECK H, 2007. An analysis of differences in work motivation between public and private sector organizations[J]. Public administration review, 67(1): 65 - 74.

BULGURCU B, CAVUSOGLU H, BENBASAT I, 2010. Information security policy compliance: an empirical study of rationality-based beliefs and information security awareness [J]. MIS Quarterly, 34(3): 523 - 548.

CAMPBELL J, MCDONALD C, SETHIBE T, 2010. Public and

private sector IT governance: identifying contextual differences [J]. Australasian Journal of Information Systems, 16(2): 5 – 18.

CARRANZA R, DIAZ E, MARTIN-CONSUEGRA D, et al, 2020. PLS-SEM in business promotion strategies: a multigroup analysis of mobile coupon users using MICOM[J]. Industrial Management & Data Systems, 120(12): 2349 – 2374.

CARVER C S, SCHEIER M F, 1982. Control theory: a useful conceptual framework for personality-social, clinical, and health psychology[J]. Psychological Bulletin, 92(1): 111 – 135.

CARVER C S, WHITE T L, 1994. Behavioral inhibition, behavioral activation, and affective responses to impending reward and punishment: the BIS/BAS scales[J]. Journal of Personality and Social Psychology, 67(2): 319 – 333.

CHAN M, WOON I, KANKANHALLI A, 2005. Perceptions of information security in the workplace: linking information security climate to compliant behavior[J]. Journal of Information Privacy and Security, 1(3): 18 – 41.

CHEAH J, THURASAMY R, MEMON M A, et al. , 2020. Multigroup analysis using smartPLS: step-by-step guidelines for business research[J]. Asian Journal of Business Research, 10(3): 1 – 19.

CHEN H, LI W, 2019. Understanding commitment and apathy in is security extra-role behavior from a person-organization fit perspective [J]. Behaviour & Information Technology, 38(5): 454 – 468.

CHEN X, CHEN C C, 2004. On the intricacies of the Chinese guanxi: a process model of guanxi development[J]. Asia Pacific Journal of Management, 21(3): 305 – 324.

CHEN X, CHEN L, WU D, 2018a. Factors that influence employees' security policy compliance: anawareness-motivation-capability perspective

[J]. Journal of Computer Information Systems, 58(4): 312 - 324.

CHEN X, WU D, CHEN L, et al., 2018b. Sanction severity and employees' information security policy compliance: investigating mediating, moderating, and control variables[J]. Information & Management, 55(8): 1049 - 1060.

CHEN Y, RAMAMURTHY K, WEN K, 2012. Organizations' information security policy compliance: stick or carrot approach[J]. Journal of Management Information Systems, 29(3): 157 - 188.

CHENG L, LI Y, LI W, et al., 2013. Understanding the violation of IS security policy in organizations: an integrated model based on social control and deterrence theory[J]. Computers & Security, 39: 447 - 459.

CHEUNG M F, WU W, CHAN A K, et al., 2009. Supervisor-subordinate guanxi and employee work outcomes: the mediating role of job satisfaction[J]. Journal of Business Ethics, 88(1): 77 - 89.

CHOUDHURY V, SABHERWAL R, 2003. Portfolios of control in outsourced software development projects[J]. Information Systems Research, 14(3): 291 - 314.

CHUA H N, WONG S F, LOW Y C, et al., 2018. Impact of employees' demographic characteristics on the awareness and compliance of information security policy in organizations[J]. Telematics and Informatics, 35(6): 1770 - 1780.

CIALDINI R B, TROST M R, 1998. Social influence: social norms, conformity and compliance[M]. Boston: McGraw-Hill.

COHEN J, 1988. Statistical power analysis for the behavioral sciences [M]. Hillsdale: Lawrence Erlbaum Associates.

COHEN J, COHEN P, WEST S G, et al., 2013. Applied multiple regression/correlation analysis for the behavioral sciences[M]. New

York: Routledge.

CRAM W A, D'ARCY J, PROUDFOOT J G, 2019. Seeing the forest and the trees: a meta-analysis of the antecedents to information security policy compliance[J]. MIS Quarterly, 43(2): 525-554.

CROPANZANO R, MITCHELL M S, 2005. Social exchange theory: an interdisciplinary review[J]. Journal of Management, 31(6): 874-900.

CROSSLER R E, ANDOH-BAIDOO F K, MENARD P, 2019. Espoused cultural values as antecedents of individuals' threat and coping appraisal toward protective information technologies: study of US and Ghana[J]. Information & Management, 56(5): 754-766.

CROSSLER R E, JOHNSTON A C, LOWRY P B et al., 2013. Future directions for behavioral information security research[J]. Computers & Security, 32: 90-101.

D'ARCY J, DEVARAJ S, 2012. Employee misuse of information technology resources: testing a contemporary deterrence model[J]. Decision Sciences, 43(6): 1091-1124.

D'ARCY J, GREENE G, 2014. Security culture and the employment relationship as drivers of employees' security compliance[J]. Information Management & Computer Security, 22(5): 474-489.

D'ARCY J, HERATH T, 2011. A review and analysis of deterrence theory in the IS security literature: making sense of the disparate findings[J]. European Journal of Information Systems, 20(6): 643-658.

D'ARCY J, HOVAV A, GALLETTA D, 2009. User awareness of security countermeasures and its impact on information systems misuse: a deterrence approach[J]. Information Systems Research, 20(1): 79-98.

DAS T K, TENG B, 1998. Between trust and control: developing confidence in partner cooperation in alliances [J]. Academy of management review, 23(3): 491-512.

DAVISON R M, ANDRADE A, 2018. Promoting indigenous theory [J]. Information Systems Journal, 28(5): 759-764.

DAVISON R M, OU C X, 2017. Digital work in a digitally challenged organization[J]. Information & Management, 54(1): 129-137.

DAVISON R M, OU C X, 2018. Subverting organizational IS policy with feral systems: a case in China[J]. Industrial Management & Data Systems, 118(3): 570-588.

DAVISON R M, OU C X, MARTINSONS M G, 2013. Information technology to support informal knowledge sharing[J]. Information Systems Journal, 23(1): 89-109.

DAVISON R M, OU C X, MARTINSONS M G, 2018. Interpersonal knowledge exchange in China: the impact of guanxi and social media [J]. Information & Management, 55(2): 224-234.

DHILLON G, BACKHOUSE J, 2001. Current directions in IS security research: towards socio-organizational perspectives [J]. Information Systems Journal, 11(2): 127-153.

DRUMMOND H, 1993. Power and involvement in organizations: An empirical examination of Etzioni's compliance theory[M]. Aldershot: Avebury.

EDWARDS J R, 1992. A cybernetic theory of stress, coping, and well-being in organizations[J]. Academy of Management Review, 17(2): 238-274.

ELLIOT A J, 2006. The hierarchical model of approach-avoidance motivation[J]. Motivation and Emotion, 30(2): 111-116.

ETZIONI A, 1975. A comparative analysis of complex organizations:

on power, involvement, and their correlates [M]. New York: Free Press.

FARH J, TSUI A S, XIN K, et al., 1998. The influence of relational demography and guanxi: The Chinese case[J]. Organization Science, 9(4): 471 - 488.

FORNELL C, BOOKSTEIN F L, 1982. Two structural equation models: LISREL and PLS applied to consumer exit-voice theory[J]. Journal of Marketing research, 19(4): 440 - 452.

FOTH M, 2016. Factors influencing the intention to comply with data protection regulations in hospitals: based on gender differences in behaviour and deterrence [J]. European Journal of Information Systems, 25(2): 91 - 109.

FRANK S A, LEWIS G B, 2004. Government employees: working hard or hardly working? [J]. The American Review of Public Administration, 34(1): 36 - 51.

GAMBLE J, HUANG Q, 2008. Organizational commitment of Chinese employees in foreign-invested firms[J]. The International Journal of Human Resource Management, 19(5): 896 - 915.

GRIMES M, MARQUARDSON J, 2019. Quality matters: evoking subjective norms and coping appraisals by system design to increase security intentions[J]. Decision Support Systems, 119: 23 - 34.

GUAN B, HSU C, 2020. The role of abusive supervision and organizational commitment on employees' information security policy noncompliance intention[J]. Internet Research, 30(5): 1383 - 1405.

GUO K H, 2013. Security-related behavior in using information systems in the workplace: a review and synthesis[J]. Computers & Security, 32: 242 - 251.

GÄCHTER S, FEHR E, KMENT C, 1996. Does social exchange

increase voluntary cooperation? [J]. Kyklos, 49(4): 541 - 554.

HAIR J F, RINGLE C M, SARSTEDT M, 2012. Partial least squares: the better approach to structural equation modeling [J]. Long Rangc Planning, 45(5 - 6): 312 - 319.

HAIR J F, RISHER J J, SARSTEDT M, et al., 2019. When to use and how to report the results of PLS - SEM[J]. European Business Review, 31(1): 2 - 24.

HAIR JR J F, SARSTEDT M, RINGLE C M, et al., 2017. Advanced issues in partial least squares structural equation modeling [M]. Thousand oaks: Sage Publications.

HAN J, KIM Y J, KIM H, 2017. An integrative model of information security policy compliance with psychological contract: examining a bilateral perspective[J]. Computers & Security, 66: 52 - 65.

HAUSER S T, BOWLDS M K, 1990. Stress, coping, and adaptation [M]. Cambridge: Harvard University Press.

HENSELER J, RINGLE C M, SARSTEDT M, et al., 2016. Testing measurement invariance of composites using partial least squares[J]. International Marketing Review, 33(3): 405 - 431.

HERATH T, CHEN R, WANG J, et al., 2014. Security services as coping mechanisms: an investigation into user intention to adopt an email authentication service [J]. Information Systems Journal, 24(1): 61 - 84.

HERATH T, RAO H R, 2009. Protection motivation and deterrence: a framework for security policy compliance in organisations [J]. European Journal of Information Systems, 18(2): 106 - 125.

HOM P W, XIAO Z, 2011. Embedding social networks: how guanxi ties reinforce Chinese employees' retention [J]. Organizational Behavior and Human Decision Processes, 116(2): 188 - 202.

HOMANS G C, 1958. Social behavior as exchange[J]. American journal of sociology, 63(6): 597 - 606.

HOMANS G C, 1974. Social behavior: its elementary forms[M]. New York: Brace & World.

HOVAV A, D ARCY J, 2012. Applying an extended model of deterrence across cultures: an investigation of information systems misuse in the US and South Korea[J]. Information & Management, 49(2): 99 - 110.

HSU J S, SHIH S, HUNG Y W et al., 2015. The role of extra-role behaviors and social controls in information security policy effectiveness[J]. Information Systems Research, 26(2): 282 - 300.

HU Q, DINEV T, HART P, et al., 2012. Managing employee compliance with information security policies: the critical role of top management and organizational culture[J]. Decision Sciences, 43(4): 615 - 660.

HUI C, LEE C, ROUSSEAU D M, 2004. Employment relationships in China: do workers relate to the organization or to people[J]. Organization Science, 15(2): 232 - 240.

HWANG I, CHA O, 2018. Examiningtechnostress creators and role stress as potential threats to employees' information security compliance[J]. Computers in Human Behavior, 81: 282 - 293.

IFINEDO P, 2012. Understanding information systems security policy compliance: an integration of the theory of planned behavior and the protection motivation theory[J]. Computers & Security, 31(1): 83 - 95.

JOHNSTON A C, WARKENTIN M, 2010. Fear appeals and information security behaviors: an empirical study[J]. MIS Quarterly, 34(3): 549 - 566.

JOHNSTON A C, WARKENTIN M, SIPONEN M, 2015. An

enhanced fear appeal rhetorical framework: leveraging threats to the human asset through sanctioning rhetoric [J]. MIS Quarterly, 39 (1): 113 - 134.

KARAHANNA E, STRAUB D W, CHERVANY N L, 1999. Information technology adoption across time: a cross-sectional comparison of pre-adoption and post-adoption beliefs [J]. MIS Quarterly, 23(2): 183 - 213.

KAUSHIK K, JAIN N K, SINGH A K, 2018. Antecedents and outcomes of information privacy concerns: role of subjective norm and social presence[J]. Electronic Commerce Research and Applications, 32: 57 - 68.

KIM H L, HAN J, 2019. Do employees in a "good" company comply better with information security policy? A corporate social responsibility perspective[J]. Information Technology & People, 32 (4): 858 - 875.

KIRSCH L J, CUMMINGS L L, 1996. Contextual influences on self-control of IS professionals engaged in systems development [J]. Accounting, Management and Information Technologies, 6 (3): 191 - 219.

KIRSCH L J, KO D, HANEY M H, 2010. Investigating the antecedents of team-based clan control: adding social capital as a predictor[J]. Organization Science, 21(2): 469 - 489.

KIRSCH L J, SAMBAMURTHY V, KO D, et al., 2002. Controlling information systems development projects: the view from the client[J]. Management Science, 48(4): 484 - 498.

KIRSCH L J, SAMBAMURTHY V, KO D G, et al., 2002. Controlling information systems development projects: the view from the client[J]. Management Science, 48(4): 484 - 498.

KIRSCH L S, 1997. Portfolios of control modes and IS project management[J]. Information Systems Research, 8(3): 215 - 239.

KROLL A, TANTARDINI M, 2019. Motivating and retaining government employees: the role of organizational social capital[J]. International Public Management Journal, 22(2): 232 - 253.

LAW K S, WONG C, WANG D, et al., 2000. Effect of supervisor-subordinate guanxi on supervisory decisions in China: an empirical investigation[J]. International Journal of Human Resource Management, 11(4): 751 - 765.

LAZARUS R S, 1966. Psychological stress and the coping process [M]. New York: McGraw-Hill.

LI H, LUO X R, ZHANG J, et al., 2018. Self-control, organizational context, and rational choice in internet abuses at work [J]. Information & Management, 55(3): 358 - 367.

LI H, ZHANG J, SARATHY R, 2010. Understanding compliance with internet use policy from the perspective of rational choice theory [J]. Decision Support Systems, 48(4): 635 - 645.

LIANG H, WANG M, WANG J, et al., 2018. How intrinsic motivation and extrinsic incentives affect task effort incrowd sourcing contests: a mediated moderation model[J]. Computers in Human Behavior, 81: 168 - 176.

LIANG H, XUE Y, 2009. Avoidance of information technology threats: a theoretical perspective[J]. MISQuarterly, 33(1): 71 - 90.

LIANG H, XUE Y, WU L, 2013. Ensuring employees' IT compliance: carrot or stick? [J]. Information Systems Research, 24(2): 279 - 294.

LIANG H, XUE Y L, 2010. Understanding security behaviors in personal computer usage: a threat avoidance perspective[J]. Journal of the Association for Information Systems, 11(7): 394 - 413.

LIU C, LIANG H, WANG N, et al., 2022. Ensuring employees' information security policy compliance by carrot and stick: the moderating roles of organizational commitment and gender [J]. Information Technology & People, 35(2): 802 - 834.

LIU C, WANG N, LIANG H, 2020. Motivating information security policy compliance: the critical role of supervisor-subordinate guanxi and organizational commitment[J]. International Journal of Information Management, 54: 1 - 14.

LIU S, 2015. Effects of control on the performance of information systems projects: the moderating role of complexity risk[J]. Journal of Operations Management, 36: 46 - 62.

LIU X, WANG J, 2013. Abusive supervision and organizational citizenship behaviour: is supervisor-subordinate guanxi a mediator[J]. The International Journal of Human Resource Management, 24(7): 1471 - 1489.

LOCH K D, CARR H H, WARKENTIN M E, 1992. Threats to information systems: today's reality, yesterday's understanding[J]. MIS Quarterly: 16(2)173 - 186.

LOWRY P B, MOODY G D, 2015. Proposing the control-reactance compliance model(CRCM) to explain opposing motivations to comply with organisational information security policies [J]. Information Systems Journal, 25(5): 433 - 463.

LYONS S T, DUXBURY L E, HIGGINS C A, 2006. A comparison of the values and commitment of private sector, public sector, and parapublic sector employees [J]. Public Administration Review, 66(4): 605 - 618.

MADDUX J E, ROGERS R W, 1983. Protection motivation and self-efficacy: a revised theory of fear appeals and attitude change[J]. Journal of Experimental Social Psychology, 19(5): 469 – 479.

MERHI M I, AHLUWALIA P, 2019. Examining the impact of deterrence factors and norms on resistance to information systems security[J]. Computers in Human Behavior, 92: 37 – 46.

MEYER J P, ALLEN N J, 1991. A three-component conceptualization of organizational commitment[J]. Human Resource Management Review, 1(1): 61 – 89.

MEYER J P, BECKER T E, VANDENBERGHE C, 2004. Employee commitment and motivation: conceptual analysis and integrative model[J]. Journal of Applied Psychology, 6: 991 – 1007.

MIAO C, QIAN S, BANKS G C, et al., 2020. Supervisor-subordinate guanxi: a meta-analytic review and future research agenda[J]. Human Resource Management Review, 30(2): 1 – 17.

MOODY G D, SIPONEN M, PAHNILA S, 2018. Toward a unified model of information security policy compliance[J]. MIS Quarterly, 42(1): 285 – 312.

MOWDAY R T, 1998. Reflections on the study and relevance of organizational commitment[J]. Human Resource Management Review, 8(4): 387 – 401.

MOWDAY R T, STEERS R M, PORTER L W, 1979. The measurement of organizational commitment[J]. Journal of Vocational Behavior, 14(2): 224 – 247.

NIE D, LÄMSÄ A, 2015. The leader-member exchange theory in the Chinese context and the ethical challenge of guanxi[J]. Journal of Business Ethics, 128(4): 851 – 861.

OU C X, PAVLOU P A, DAVISON R M, 2014. Swift guanxi in online marketplaces: the role of computer-mediated communication technologies[J]. MIS Quarterly, 38(1): 209 - 230.

PARSONS K, MCCORMAC A, PATTINSON M, et al., 2014. A study of information security awareness in Australian government organisations[J]. Information Management & Computer Security, 22(4): 334 - 345.

PEACE A G, GALLETTA D F, THONG J Y, 2003. Software piracy in the workplace: a model and empirical test [J]. Journal of Management Information Systems, 20(1): 153 - 177.

PODSAKOFF P M, BOMMER W H, PODSAKOFF N P, et al., 2006. Relationships between leader reward and punishment behavior and subordinate attitudes, perceptions, and behaviors: a meta-analytic review of existing and new research [J]. Organizational Behavior & Human Decision Processes, 99(2): 113 - 142.

PORTER L W, MOWDAY R T, STEERS R M, 1979. The measurement of organizational commitment[J]. Journal of Vocational Behavior, 14(2): 224 - 247.

POSEY C, ROBERTS T L, LOWRY P B, 2015. The impact of organizational commitment on insiders' motivation to protect organizational information assets[J]. Journal of Management Information Systems, 32(4): 179 - 214.

RANDALL D M, 1987. Commitment and the organization: the organization man revisited[J]. Academy of Management Review, 12(3): 460 - 471.

RHEE H, KIM C, RYU Y U, 2009. Self-efficacy in information security: its influence on end users' information security practice behavior[J]. Computers & Security, 28(8): 816 - 826.

RHOADES L, EISENBERGER R, 2002. Perceived organizational support: a review of the literature [J]. Journal of Applied

Psychology, 87(4): 698 - 714.

SAFA N S, MAPLE C, FURNELL S, et al., 2019. Deterrence and prevention-based model to mitigate information security insider threats in organizations[J]. Future Generation Computer Systems, 97: 587 - 597.

SAHLINS M, 2017. Stone age economics[M]. London: Taylor & Francis.

SARAF N, LIANG H, XUE Y, et al., 2013. How does organizational absorptive capacity matter in the assimilation of enterprise information systems[J]. Information Systems Journal, 23(3): 245 - 267.

SHANNON C E, 1949. Communication theory of secrecy systems[J]. The Bell System Technical Journal, 28(4): 656 - 715.

SHORE L M, COYLE-SHAPIRO J A, CHEN X, et al., 2009. Social exchange in work settings: content, process, and mixed models[J]. Management and Organization Review, 5(3): 289 - 302.

SIPONEN M, MAHMOOD M A, PAHNILA S, 2014. Employees' adherence to information security policies: an exploratory field study[J]. Information & Management, 51(2): 217 - 224.

SIPONEN M, VANCE A, 2014. Guidelines for improving the contextual relevance of field surveys: the case of information security policy violations[J]. European Journal of Information Systems, 23(3): 289 - 305.